狗狗
犬种百科

数位人犬物语编辑部　编著
徐幼峰　　　　　　　审订

辽宁科学技术出版社
·沈阳·

推荐序一
最贴近国内饲主
需求的犬种百科

宠物狗的概念随着各地区的都市化和现代化而日渐兴盛，畜犬协会成立的宗旨就是以人与动物的关系为基础进行各种研究。本协会在向社会大众推广犬展及推广犬种标准的过程中，发现国内饲主在犬种知识的累积上，大多是依靠国外翻译的书籍，而所谓的犬种图鉴也多是国外翻译或拍摄的，并未考虑国内饲主的居住环境、空间等饲养照顾条件方面的需求。《狗狗犬种百科》是《DOG NEWS犬物语》创立以来，采访76个犬种的国内养狗饲主，依他们的实际养狗经验，与读者分享该犬种的性格、人狗相处的经验及饲养照顾上的心得，相信是最贴近国内饲主需求的犬种百科。

本书帮读者整理归纳了5大犬种群的特性，也有狗狗身体特征重点图示，用文字指引线让读者一目了然，甚至还将易混淆的犬种用表格列出其特征差异，这样的用心与细心，相信读者一定可以在字里行间感受到。

有关犬展比赛的内容，是一般饲主较少接触的领域，本书试着用浅显易懂的流程说明，让读者认识什么是犬展比赛、什么是犬种标准和指导手等，让一般饲主也可以接触到犬展领域，这样的用心也是本协会所乐见的。

《DOG NEWS犬物语》在本书的内容上征询了各方专家意见，期望在专业与正确性上做到更好，正因如此畜犬协会给予了专业上的支持，也因此有机会可以在此推荐本书，相信这是一本读者可以从中获得更多犬种知识的百科书。当然，如本书有任何不足之处，也欢迎给予指正，让国内业界的犬种知识可以在切磋中成长。祝福所有的养狗饲主，拥有愉悦美好的人狗关系。

詹登安

畜犬协会理事长

推荐序二
适合养宠物家庭珍藏的百科全书

刚接受畜犬协会秘书长施三德先生指示的这项编审工作时，心中难免嘀咕，国内竟有人做此吃力不讨好的工作？虽然国外早已有类似的书籍，但内容均十分专业化，不是一般爱犬人士所能消化的。直到工作进入状态后，才发现本书规划得十分完善，其中有几点值得推荐与读者分享。

- 用词通俗简单，容易了解。
- 介绍的犬种，是我们日常在公园散步及居家附近均可以接触到或看到的犬种。
- 相似的犬种均附有比较表，让读者容易区分辨别。
- 以犬种体位分类，让读者了解犬种的体形大小。
- 简述犬种的饲养难易及较易发生的问题，提供读者合理选择饲养宠物的原则。

相信读者阅读后，一定能快速地了解狗狗的有关特性，获得正确的信息，不仅能拥有一只心爱的宠物，更能使家庭得到适当的保护。

徐幼峰

畜犬协会理事、审查委员
饲养比赛级犬 40 余年
爱犬（德国狼犬）获得德国本部展 VA 大奖
爱犬（玩具贵宾犬）获得全美排行榜第一名
担任过美国、日本、中国（内地与香港）、澳洲、菲律宾、
泰国、韩国和印度尼西亚等地的犬展比赛工作

如何使用《狗狗犬种百科》

人 类与狗的关系长久以来密不可分,有科学证据显示,狗应该是所有动物中与人类最早相依为命的动物。人与狗的基因组相似性极大,狗狗甚至有 360 多种遗传疾病与人类相似。

自古以来,人类根据自己的意志和犬的特点,培育出具有不同特征和不同遗传密码的犬种,数目高达 400 种以上,犬种的历史可说是应人类需求而演化的结果。

饲主爱狗或饲养狗,常因为其外形可爱或内在特性而决定饲养,但这些外形特征其实是人类当初依工作需求或地区特性而培育的,因

本书的体形大小分类依畜犬业界一般的认定,以肩高(肩膀最高点到地面的距离)为准,33 厘米(13 英寸)以下为小型犬、33~51 厘米(13~20 英寸)为中型犬、51厘米(20 英寸)以上为大型犬。

取成犬公犬最高值与母犬最低值的数值范围(但各国标准略有差异)

取成犬公犬最高值与母犬最低值的数值范围(但各国标准略有差异)

犬种的原始培育国家

培育犬种的估计年代及通过犬种机构的认证时间

犬种的原始培育功能

犬种的个性

犬种的其他名称

犬种的名称

犬种的特性速写

Chapter 5

杜宾犬
Dobermann

杜宾犬英俊挺拔,拥有因专注而竖立耳朵,炯炯有神的目光,发亮的被毛与帅气的流线身形。原为军用犬的它们,外表相当帅气迷人。

杜宾犬资料
- 体形:大型犬
- 身高:68~73 厘米
- 体重:30~45 千克
- 原产地:德国
- 历史:起源于 19 世纪。1908 年 AKC 正式认可此犬种。
- 用途:警卫犬
- 性格:执着,警戒心强
- 别名:杜宾品池犬(Dobermann Pinscher)

出生后耳朵满 6 厘米才剪耳

四肢修长

长犬 5 岁的模样

302

4

此，必然有其适应的局限性。例如，容易掉毛或易患皮肤病等先天基因特性，饲主若多了解自家狗狗的起源与当初培育的特性，相信定能更加体谅其先天上的不足，给予狗狗最适当的照顾。

实地采访与记录国内 76 种犬种的辨识百科

《狗狗犬种百科》的出版，与国内宠物饲养的大环境有密切的关系，饲主对于狗狗的饲养及其他相关领域的专业知识需求相对提高。自《DOG NEWS 犬物语》创立以来，采访了 76 个犬种的国内养狗饲主，收集了丰富的第一手资料，相信是最贴近国内饲主需求的犬种百科。

如何快速辨识犬种

在单一犬种特征介绍里，包含犬种名称、犬种资料、犬种特征、起源与特性、性格与相处、饲养与照顾。以下以 p.302 "杜宾犬" 为例，说明所包含的内容。

工作犬群 Working Group · 杜宾犬 Dobermann

杜宾犬 Dobermann

特征

1 长头形

2 剪耳。

3 脖子要修长挺直。

4 被毛发亮有光泽。

5 脚线挺直。

6 毛色有黑色、咖啡色、红色、巧克力色、暗灰色和蓝灰色等。

7 臀部长且呈些许弧度

8 前肢一定要垂直。

9 前胸宽，肌理显著的犬。

10 四方身，丁晦部厚，臀部踏实。

11 后肢弯曲。

犬种群名称 · 犬种中英文名称

犬种的标准姿态及局部特征图

成犬或幼犬时的模样
立姿或卧姿等不同的姿态

303

5

编辑导读

如何快速找到你关注的犬种

本书介绍了国内可见的76种犬种，你可依据以下几种方式快速找到你关注的犬种。

1. 以5大犬种群分类来查询（详见 p.8 目录）

   本书共分为5大犬种群，分别为玩赏犬群、猎犬群、㹴犬群、工作犬群及牧羊犬群，每一犬种群里的犬种顺序系依体形由小型犬、中型犬至大型犬依序排列。本书的体形大小分类依畜业界一般的认定，以肩高（肩膀最高点到地面的距离）为准：33厘米（13英寸）以下为小型犬，33~51厘米（13~20英寸）为中型犬，51厘米（20英寸）以上为大型犬。

2. 以英文犬种名称来查询（详见 p.440）

   不分犬种群，以犬种的英文名称首字母由 A 至 Z 依序排列。

3. 以中文犬种名称来查询（请见 p.442）

   不分犬种群，以犬种中文名称第一个字的笔画数由少至多依序排列。

如何快速分辨易混淆的犬种

许多犬种看起来很像，容易造成错认，本书特别针对相似度较高的犬种，制作特征差异鉴别表格，以下以蝴蝶犬与长毛吉娃娃犬为例（p.63）进行说明。

提出两犬种外形特征的最大差异，提供读者快速分辨的基础

如何快速查询英文专有名词

针对世界上相关畜犬协会机构及犬展比赛上的专业用语，本书特别列出"专有名词简写释义"，详见 p.440，依照专有名词英文的缩写首字母由 A 至 Z 排列，例如，"AKC；American Kennel Club；美国畜犬协会；p.38"即可查阅到该组织的简介。

如何了解犬展比赛的领域

犬展比赛自1873年英国饲主迷组织了养狗人俱乐部，直接促使了血统与犬种标准的制定，犬展比赛极力推动世界共通的犬种标准，至今一直是各国畜犬组织每年持续举办的盛事。

犬展比赛在国内也不乏热心的组织推广及拥戴者，因此本书特别专文介绍犬展比赛的分类、流程和奖项，并专访赛级犬饲主，将他们在饲养赛级犬的食、衣、住、行、育、乐六方面的经验与读者分享，让有心了解犬展比赛的饲主或想要进阶参与犬展比赛的一般饲主有了解的机会。

由于犬种的起源分歧很大且多不可考证，各国的文献数据出入差异也颇大，因此在本书的编辑过程中，除了参考国外关于犬种组织的文献之外，也征询了国内专业人士的意见，希望能让本书的资料更臻真实与完善，如有编辑上疏误之处，希望各方专业人士不吝给予指正。

当然，不管一般饲主饲养的狗狗是否血统纯正，是否合乎犬种标准，我们相信，只要饲主多了解狗狗一分，多包容狗狗一分，就更能体贴它们因先天特性而衍生的种种行为或生理状况，共创人狗幸福的美好生活。

（本书特别感谢《DOG NEWS 犬物语》4 年来受访的饲主热心提供他们的爱犬协助拍摄，畜犬协会徐幼峰理事给予专业上的咨询及协助，芸林动物医院院长蔡盈库医师提供医学专业指导，以及畜犬协会提供文献参考和推荐受访对象，让此书得以顺利出版。）

目　　录

Chapter **3** 猎犬群 Hunting Dogs　　　　117

目　录

Chapter 6   牧羊犬群 Herding Group   335

Chapter 1

认识狗狗
About Dogs

有科学证据显示，人类养狗应该始于 13 万年前，
是在人类祖先刚刚掌握语言之时。
狗与人相处的日子最长，
狗是所有动物中与人最早相依为命的动物，
狗甚至有 360 多种遗传疾病与人类相似，
这一切证据真实地显示了狗与人类长久以来密不
可分的关系。

狗狗的起源

狗 是人类最忠实的朋友，那么它们是什么时候出现的呢？而人类
又是什么时候开始驯养它们的呢？许多科学家相信，狗和野狼曾
经是一家，不管是吉娃娃犬还是圣伯纳犬，全世界的家犬都演化自1.5
万年前旧石器时代的东亚野狼。这可能是因为东亚的灰野狼体形较小
及较容易被驯服的特性。

科学家证实，全世界的狗皆起源于东亚的野狼

瑞典皇家科学院研究证实，全世界的狗具有相同的遗传基础，都
起源于东亚，然后跟随人类散布到全亚洲和欧洲，并在1.4万年至1.2
万年前时，随着人类横越白令海峡迁徙至新大陆。科学家分析亚洲、欧
洲、非洲和美洲极地654只狗狗的粒腺体DNA，发现所有的狗狗都可
以追溯到特定的雌野狼，再往前则可追溯到4万年前的同一只野狼。此
遗传多样性在东亚（如中国、泰国、柬埔寨、韩国和日本）比欧洲、西
非和北美极地要来得高，显示东亚的犬是最古老的族群，东亚的人类
同时驯化了不同野狼群成为家犬。

狗起源于野狼基本上已经在科学界得到了共识，但具体时间则众
说纷纭。根据德国发现的颌骨，已知最早的狗生活在1.4万年前，但有
科学家认为狗和人类在更早之前就已经生活在一起了。最新的粒腺体
DNA差异研究显示，狗的起源和进化远远在此之前，人类养狗应该始
于13万年前。

美国加州大学研究员在基因比较研究中，把67种犬的粒腺体DNA

科学家推论，狗是在所有动物中与人最早相依为命的动物。

与野狼、小野狼和豺野狼的粒腺体DNA做比较，结果发现从狗追溯到野狼，至少有4种分别独立的遗传线索，并且发现狗的起源和进化远远早于1.4万年前，人类饲养犬应该是在13.5万年前。这样的推论意味着，人类养狗始于进化之初，而且是在人类祖先刚刚掌握语言之时。由此可知，狗与人相处的日子最长，是所有动物中与人最早相依为命的动物。

动物学家还不知道人类如何及为何驯养狗，但如果狗起源于1.5万年前，它们在短短几千年就散布到三个大陆上，它们繁衍和分化的速度之快，使科学家相信它们对人类一定大有用处。例如，协助狩猎和守卫等，甚至作为交通工具。

不过，部分科学家认为，也有可能并非是人类驯化了狗，而是狗驯化了自己，因为它们适应了新的生存方式——在人类附近进食。当时，可能有一种原始狗满足于人类提供的居所和膳食，一方面以人类为保护者与食物供给者，另一方面则帮助人类狩猎。当这种原始狗被驯养之后，饲主走到哪它们就会跟到哪。如此一来，当人类迁徙到美洲时，这些被驯服的狗也就跟着到了美洲。

人与狗基因的相似性远超过其他动物

　　狗和人类的关系究竟有多紧密呢？哈佛大学生物人类学家发现，狗找到人类暗示的隐藏食物的能力比黑猩猩和野狼还高。无论是幼犬或成犬都能依人类表情的指示找到食物，即使它们只有微不足道的经验。黑猩猩是人类的近亲，但它们和人类的沟通能力却远不及狗。不过，狗的沟通能力是否是它们被驯养的原因，还有待进一步的研究。

　　此外，2005 年 12 月，美国国家人类基因组研究所的研究人员，通过破解狗的基因组图谱得知在过去1.5万年里，人类根据自己的意志和狗狗的特点，培育出具有不同特征和不同遗传密码的400多种犬种。人与狗基因组之间的相似性，甚至比人和鼠、鼠和狗基因组之间的相似性都大；狗有360多种遗传疾病与人类相似。科学家指出，由于长期选择性繁殖的关系，许多犬种也很容易患有与人类同样的基因疾病，如癌症、心脏病、聋哑、失明和免疫性神经系统疾病等。这一切证据，真实地显示了狗与人类长久以来密不可分的关系。

玩赏犬是根据人类意志主导而培育的宠物犬。

狗狗的犬种差异与分类依据

　　为什么狗狗会有如此多的犬种，而且体形和相貌都有明显的区别？科学家认为，近 500 年来人类的育种是造成不同犬种体形和相貌各异的原因。事实上，不同犬种的形成是因为在过去某一段漫长的时间里，人类按照不同的目的对它们进行驯养，从而为自己提供特定服务。功能因素往往能影响物种的进化，这也就可以说明为什么警犬通常是黑色的原因。

　　目前世界各地的犬只除了原始犬种外，所能看到的犬只都是人类依据需求，利用改良繁殖、强化犬系基因，并刻意以近亲交配，筛选优秀犬种后固定下来的后代，被称之为"纯种犬"或"纯血犬"。既然它们的存在是因为符合人类的需求，它们的犬种标准自然是由人类来制定的。

世界畜犬联盟（FCI）的犬种分类标准

　　1859 年世界首次犬展于英国开场后，各地犬种繁殖者深感各国对犬种标准的看法分歧较大，评审缺乏公信力，因此，极力推动世界共通的犬种标准书。目前，国际上犬种群最具权威的分类方式为世界畜犬联盟（以下简称 FCI）的划分法。

纯种犬的犬种标准是依人类的需求而制定的。

17

FCI 将犬种分为 10 个犬种群，其中每个群别又按产地和用途划分出不同的类别。这样的分类方法比较细致和复杂，在国内被了解和认知的程度也比较低。不过，与英国畜犬协会（KC）和美国畜犬协会（AKC）的划分法最大的不同是，FCI 的分类标准除了用途以外，还很重视产地的不同，也因此显得较为完整。下面介绍 FCI 的犬种群划分：

- **牧羊犬、牧牛犬种群**：包含牧羊犬和牧牛犬，但不含瑞士牧牛犬。
- **品池犬和雪纳瑞犬、獒犬、瑞士高山犬种和牧牛犬种及相关犬种**：瑞士牧牛犬属于此犬种群。
- **㹴犬种群**：分为大中型犬、小型犬、牛头犬和玩具犬。
- **腊肠犬种（短肢犬）**：顾名思义，所有腊肠犬都属于此犬种群。
- **狐狸犬及原始犬种群**：包含北欧雪橇犬、北欧猎犬、北欧护卫犬及牧羊犬、欧洲狐狸犬、亚洲狐狸犬及相关犬种、原始犬种、原始猎犬和原始脊背猎犬。
- **嗅觉猎犬及相关犬种群**：包含嗅觉猎犬和相关犬种。
- **指示犬种群**：大陆（欧洲）指示猎犬和英国及爱尔兰猎犬。
- **拾猎犬、冲水猎犬、水猎犬种**：即枪猎犬，也称猎鸟犬。拉不拉多拾猎犬和黄金拾猎犬即属于此犬种群。
- **陪伴犬及玩具犬种群**：包含比熊犬及相关犬种、贵宾犬、小比利时犬、无毛犬、西藏犬、吉娃娃犬、英国玩具猎犬、日本犬和北京犬、（欧洲）大陆玩具猎犬、克龙弗兰犬和小型獒犬类。

● **视觉猎犬种群**：有长毛或丝毛视觉猎犬、粗毛视觉猎犬和短毛视觉猎犬。

美国畜犬协会（AKC）和英国畜犬协会（KC）的犬种分类标准

　　美国畜犬协会（以下简称AKC）的犬种群分类方式与FCI的分类方式截然不同，但是与英国畜犬协会（以下简称KC）的分类则较为相似。以下是AKC和KC的犬种群分类方式：

● **兽猎犬种群**：灵活的动作和优异的嗅觉是兽猎犬需具备的两大特征。兽猎犬种是人类最早使用的猎犬，其追赶猎物的速度非人类所能及。此类犬种群包含嗅觉型兽猎犬和视觉型兽猎犬。

● **工作犬种群**：体形较大的犬种，受过专门训练以执行特定任务。例如，牧羊犬、拉车犬、警卫犬、灾难救助犬及导盲犬等。后来，工作犬也成为了农民的助手，如瑞士的伯恩山犬就帮助农民运送牛奶和奶酪到市场。此外，阿拉斯加雪橇犬、西伯利亚雪橇犬及萨摩耶犬不仅用来狩猎，同时也从事拉车等需要体力和耐力的工作。而圣伯纳犬则常被用来寻找在雪地中失踪的受难者。

● **㹴犬种群**：㹴犬一向被用来狩捕熊、狐狸和老鼠等栖息于洞穴中的动物，大部分原产于英国诸岛，是犬类之中属英国原产的犬种，其英文名字的意思为"会在土中工作的狗"。㹴犬原本会在地下发现猎物并加以捕捉，后来被训练成将猎物赶出地面让人类猎取。㹴犬大多体形

小、四肢短、强健、敏捷，而且具有活力。以被毛区分可分为两种：一种是平滑毛或短毛种，如短毛猎狐㹴犬；另一种是长毛或粗毛种，如苏格兰㹴犬和斯开岛㹴犬等。

● **枪猎犬种群**：即AKC的运动犬种群，也称猎鸟犬。此犬种群的犬种被训练用来帮助猎人寻找猎物，它们主要是靠嗅觉追寻猎物。有些枪猎犬被训练成寻猎物助手，它们不仅友善、壮硕、强健，而且具有寻找并取回猎物的特殊能力。

● **牧羊犬种群**：即AKC的放牧犬种群。牧羊犬种群早在1983年就存在了，原来是属于工作犬种群，目前则成为AKC的最新分类。这一犬种天生有着驾驭其他动物的杰出能力，比如，潘布鲁克韦尔斯科基犬可以奔跑如飞般地放牧体形比它大好几十倍的母牛群。大部分的牧羊犬其实已经和放牧这个天职渐行渐远而成为家庭宠物犬，不过，这个本能并未完全消失，它们总是小心翼翼地跟在饲主身旁，特别是小孩子旁边。一般来说，这些聪明的犬群是非常出色的陪伴犬，能够完美地完成训练课程。

● **实用犬种群**：即AKC的非运动犬种群或非枪猎犬种群。实用犬不涉及狗本身的个性或特殊性，更无所谓共通性，都是相当特别的狗，就算称它们为"特殊犬"也不为过。实用犬的种类不但多，变化也丰富，除了作为鉴赏，也担任狩猎或搬运工作。其中有不少犬种可追溯到古代，算是记录上最古老的犬种之一。贵宾犬即属此犬群，虽然这类犬种现在经常扮演伴侣犬的角色，但是其祖先是善于从水中运回猎物的德国枪猎犬。

● **玩具犬种群**：大多是小型犬种，温驯而适宜抱玩。源自于百年前的皇家宫廷中将狗作为宠物来饲养。对老年人、病患或看护婴儿的保姆而言，它们安静的个性和轻巧的体形深受好评。

● **其他犬种群**：这个犬群是AKC独有的，顾名思义，就是那些不包含在上述犬群中的犬种，但是只有那些在AKC繁殖登记册上的犬种才能名列此犬种群，基本上都是一些新近培育的犬种。有朝一日，这些新犬种若能健康有活力地繁衍下去，就会被转列到其他正规犬种群中。

除了英、美之外，FCI的分类方式广为世界各国接受，日本畜犬协会（JKC）甚至完全参照其分类法，而中国台湾畜犬协会（KCT）则结合了FCI和AKC的划分法，将犬种划分为7个犬种群：①牧羊犬、牧牛犬种群；②工作犬种群；③㹴犬种群；④兽猎犬种群；⑤狐狸犬及原始型犬种群；⑥枪猎犬种群；⑦家庭犬及玩赏犬种群。

狗狗的身体构造
和机能

多数狗狗的骨架都极为相似，从野狼、大型犬到吉娃娃犬都大致相同，但随着人类选择性的功能培育而产生外观上明显的差异。四肢的长度和头骨的形状是改变最多的部分，四肢的骨骼长度与狗狗的体形大小及身高有关，狗狗的身高指的是从肩膀最高点到脚的高度，而毛质与耳朵也是评判狗狗差异的特点之一。

狗狗的身体构造

狗狗的身体结构分为

头：含耳、眼、鼻、口、齿和腭。

颈：含长度及弯度。

躯：前肢、胸、腰和后肢。

尾：有长、短、弯、竖、卷、高、低或断尾之分。

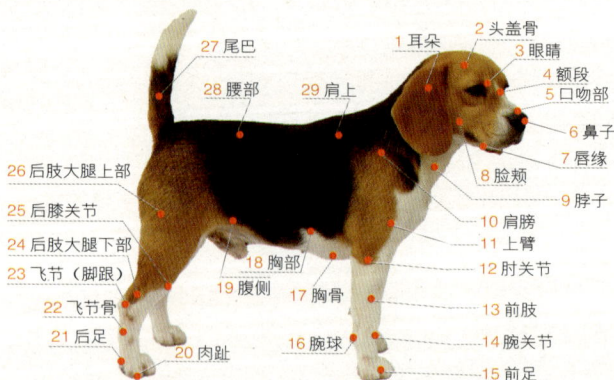

27 尾巴　　　　　1 耳朵　　2 头盖骨
28 腰部　　29 肩上　　　　　　3 眼睛
　　　　　　　　　　　　　　　　4 额段
　　　　　　　　　　　　　　　　5 口吻部
26 后肢大腿上部　　　　　　　　6 鼻子
25 后膝关节　　　　　　　　　　7 唇缘
24 后肢大腿下部　　　　　　　8 脸颊
23 飞节（脚跟）　　　　　　　　9 脖子
22 飞节骨　　　　　　　　　　10 肩膀
21 后足　　　　　　　　　　　11 上臂
　　　　　　18 胸部　　　　　12 肘关节
　　　　　19 腹侧　　17 胸骨　13 前肢
　　　　　　　　　　　　　　　14 腕关节
　　　　20 肉趾　　16 腕球　　15 前足

狗的嗅觉细胞最多能达到2亿多个, 狗能分辨的气味高达数十万种。

狗狗的身体机能

听觉

就身体机能来说, 听觉是狗的长处之一, 依犬种不同, 其听觉的敏感度也有差异。多数的狗都有17条肌肉操控的外耳, 所以能够前后左右地摇动耳朵, 它只要朝声音方向竖起耳朵, 便能接受信息。狗可听到3.5万赫的声音 (人类为2万赫, 猫可达10万赫), 换言之, 人类听不到的声音仍可被它们探测到。比如说, 狗可以分辨每分100拍和每分96拍的节拍器, 此外将狗狗耳朵塞住, 它们也能在噪声中分辨声音来源。狗的听力依犬种不同而异, 如直立耳和长垂耳所能分辨的方向就有所不同。

论距离, 狗狗分辨声音的距离达40千米, 是人类的2倍, 而且它们能够分辨来自32个方向的音源, 也是人类的2倍。此外, 它们还能正确分辨出人类所分辨不出来的节奏感。

嗅觉

除了听觉, 狗还具有惊人的嗅觉, 当然其灵敏度也视犬种而异。狗优异的嗅觉能力超越人类100万倍, 动物界里比狗嗅觉优秀的大概只有鳗。但狗是如何分辨气味的呢?

狗的大脑嗅觉中枢十分发达, 并且优于人类, 成年人的嗅黏膜大约为3平方厘米, 而狗拥有130平方厘米呈褶状的黏膜, 可轻易闻出

外来的味道，为配合这些内部构造，狗的鼻子因而变长了（不过近年来由人类改良的犬种则不在此限）。人的嗅觉细胞有500万个，而狗最多能达到2亿多个。例如，腊肠犬有1.25亿个，猎狐犬有1.47亿个，牧羊犬有2.2亿个。也因此，人能分辨的气味达1万种，而狗则高达数十万种。

视觉

在视觉方面，狗的眼睛长在脸的两侧，因此视野上比人类宽广。以人的视野100°来说，扁鼻犬就有200°（如波士顿犬），而长鼻犬则达270°（如灵猩），那些高达280°视野的狗一般被称为视觉猎犬。因为视野宽的关系，狗跑得很快，灵猩能够在32秒跑完500米，据说人类最早改良的犬种可能就是这些视觉猎犬。然而在近物焦距调整方面，因两眼可见度范围狭窄的缘故，狗对于距离的判断则远不及人类。此外，狗还是色盲，因为其眼睛无法分辨颜色。

味觉

狗的味觉和人类比起来可就差多了，这也许是因为素食灵长类的人类祖先选择食用眼前的各种食物，而狗则属于肉食性动物，必须不断寻找远处的猎物，不论是何种猎物都非吃不可。

狗狗的血型

　　狗狗的血型攸关健康，虽然复杂，但是和人类一样，它们的血型对于输血和捐血都有很大影响。

狗狗的血型种类

　　所谓血型，主要是根据红细胞表面的糖脂肪或糖蛋白所形成的抗原来决定的。对狗狗来说，主要分为6种血型：DEA1.1、DEA1.2、DEA3、DEA4、DEA5和DEA7。其中，以DEA4血型所占的比例最高，所以，如果狗狗的血型为DEA4且DEA1.1及DEA1.2阴性的话，比较适合成为"捐血狗"。为狗狗输血时，按下列4个步骤进行：①了解狗狗的血型，进行配对试验；②血液来源及捐血狗的选择；③收集血液并将血液注入受血狗狗体内；④观察捐血后狗狗的反应。

　　输血前，为需要输血的狗狗做血液配对是必要的。就算是血型相同的"捐血狗"与"受血狗"也有可能出现排斥反应，而血液配对通过也不代表彼此间的血型相同。因为，血液配对只针对红细胞部分，但血液中不仅仅只有红细胞，还有白细胞、血小板及蛋白质等，这些物质也可能会导致受血者出现免疫反应。

　　血液配对错误或出现过敏反应时，受血的狗狗在输血后会出现：不安、发烧、心跳加快、呕吐、颤抖、无力、休克和无尿等临床症状，所以需要特别小心。同时，也为了避免危险发生，所以在输血前、输血时及输血后，医师会持续地监测受血狗的体温、脉搏、心跳速率、呼吸速率及呼吸音。开始输血的前15分钟，输血的速度应放慢，如果狗

狗没有出现上述的临床症状，可视其身体状况调整输血的速度。如果刚接上输血管5分钟后就出现上述的临床症状，则应该立即停止输血，并且监测受血狗的身体状况。输血的整个过程应在4小时内完成。

成为捐血狗的条件

目前受血狗的血液来源主要有"商业化产品"及"捐血狗"两种。现在，动物医院大多的血液来源多为"捐血狗"。

捐血狗需要比一般狗狗进行更严格的健康检查，才能在紧急需要的时候，以健康的血液延续另一只狗狗的生命。

- 体重超过30千克，1~7岁，血液检验值中血容比（PCV）＞40**%**及临床基本检查良好的狗狗。
- 曾经接受过输血治疗或正在怀孕的狗狗不适合作为"捐血狗"，因其血液中常常会出现抗红细胞的抗体。
- 在身体检查时，对心丝虫、布氏杆菌、艾利希体、莱姆病、血巴东虫和焦虫都应进行详细检验，确定其为阴性。
- "捐血狗"应定期施打预防针并适时补充铁剂。

"捐血狗"每次捐血的多寡是依照体重的比例来计算的。每一次狗狗每千克体重可以捐15毫升血液，如果狗狗体重为30千克，就可以捐出450毫升的血液，而且，每6个星期可捐血一次。

不过，如果在捐血前的血液检验时发现血液恢复状况不佳，间隔时间可能需要延长，以确保捐血狗的安全。

狗狗的身体特征

　　狗狗的头形、耳朵、被毛和身高是辨别狗狗的关键。全世界犬种有 700~800 种之多，外观除了有长头、圆头与方头，长耳与短耳，垂耳与竖耳，长毛、短毛与刚毛，长尾与短尾，长肢与短肢，以及不同毛色的区别之外，体形大小并无统一标准。在国外，犬种认证机构依身高（从肩部最高点至地面为标准）分类，小型犬：身高在 46 厘米以下；中型犬：身高为 41~61 厘米；大型犬：身高超过 61 厘米。也有以体重为分类标准的，大型犬：23 千克以上；中型犬：9~23 千克；小型犬：9 千克以下。

　　以下将身体各部位特征详列如下：

头形

圆形头：
头盖骨非常圆，如斗牛犬。

短形头：
头部宽，吻部短，如巴哥犬。

中形头：
头部宽度及吻部长度介于短形头和长形头之间，如德国牧羊犬。

长形头：
头部窄，吻部长且尖，如东非猎犬和喜乐蒂牧羊犬。

斗牛犬

巴哥犬

德国牧羊犬

喜乐蒂牧羊犬

秋田犬（竖耳）

耳朵

竖耳：
又称立耳，耳朵是竖而直立的，如德国牧羊犬和秋田犬。

半竖耳：
又称钮扣耳，"V"形耳，耳朵位于头部较高处，呈半竖状且尖端向前折叠一些，如㹴犬和喜乐蒂牧羊犬。

迷你雪纳瑞犬（半竖耳）

玫瑰耳：
耳朵较小且向后折叠，尖端稍微垂盖在上面，耳翼内侧稍微露出，如斗牛犬。

蝙蝠耳：
耳朵大且直立，底部宽、顶端呈圆弧状，如同蝙蝠的耳朵，如法国斗牛犬。

斗牛犬（玫瑰耳）

垂耳：
又称悬吊耳或垂挂耳，耳朵长且下垂、紧贴着头部，如巴吉度猎犬和可卡犬。

法国斗牛犬（蝙蝠耳）

巴吉度猎犬（垂耳）

圆眼

眼睛

圆眼：
眼睛近似正圆形，如法国斗牛犬。

杏眼：
眼睛比正圆形略微修长，状似杏仁，一般来说，猎犬
的眼睛皆属杏眼，如黄金拾猎犬。

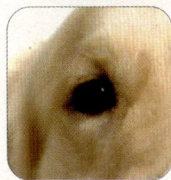
杏眼

被毛

触感

　　狗的被毛有长、短、鬈、直、软、粗之分。狗的被毛通常有底、外
两层，而这两层被毛的长度和分布也决定了狗的被毛触感。一般来说，
生长于寒带的犬种被毛密度高，每平方厘米可达 100 根；生长在气候
暖和的地区，狗的被毛密度较低，每平方厘米 10 多根甚至无毛的也有。
同时，若底层毛多且比外层毛长的犬种，通常摸起来被毛较柔软，属
于柔软纹理；反之，摸起来较粗糙，属于粗糙纹理。

光滑毛：摸起来和看起来都很光滑。

硬毛：外层针毛明显非常粗糙，这为博得猎狐犬或各种刚毛猎犬提供
　　　了适应天气环境的保护。

长毛犬：被毛长度超过 2.54 厘米。

短毛犬：被毛长度不超过 2.54 厘米。

双层毛：多数犬种的被毛属于此类型，有浓密、温暖及短底层被毛，能够防止水分渗入，同时也拥有较粗糙的外层毛，以应对外界环境变化。

单层毛：缺少底层被毛，仅有外层被毛。

纹路

不同的毛色种类及组合，会构成不同的毛色纹路。常见的毛色纹路包括：

混色：具有两种毛色且这两种毛色面积大致相同。

双色：具有两种毛色且这两种毛色的界线能清晰区分，通常是身体上方颜色较深、腹部和四肢下半部的毛色较浅，如茶色和白色。

三色：由三种毛色组成，一般常见的组合有黑色、白色或白色、茶色、深红色这两个类型。

虎斑色：两种毛色混合，而且能构成"斑"，通常为黑色和棕色、茶色、金色的混合，因此常呈斑纹状。

小丑色：通常是在白色毛皮上有碎黑斑点。

毛色

毛色种类也很多，如白色、黑色、灰色、棕色、红色、黄色、金色和蓝色（这里所谓的蓝色，其实是指一般所说的深铁灰色）。其他比较特殊的毛色还包括：

大理石色：黑、蓝及灰色混合，色如大理石。

熟麦色：成熟小麦的颜色，从淡黄色到黄色。

黑貂色：以灰色、暗黄色、黄褐色、金黄色及银色等为底色，毛端则呈黑色且重。

舞会色（或时髦色）：由两色形成的斑纹状。

三色：由三色形成的被毛，如黑、白、褐色等。

虎斑色：明亮的底色和黑毛混合，呈斑纹状。

马鞍色：背上有如放置一个马鞍的样子。

尼龙状：白色和其他色毛绵密地混合着。

暗灰色：由蓝灰色、红色及黑色混合而成。

尾巴

螺旋尾：

尾巴短且呈螺旋状，如斗牛犬。

卷尾：

尾巴在背部上方呈似轮子的大圆状，如巴哥犬。

短卷尾：

尾巴极卷且短，像被截断，几乎只剩根部，如科基犬。

螺旋尾

卷尾

短卷尾

31

Chapter 1

镰刀尾：
像镰刀一样翘起，呈半圆状，如秋田犬。

马刀尾：
像马刀一样轻微弯曲，但弯度不如镰刀尾，较平顺。

饰尾：
尾巴下方有饰毛，状似旗子，如黄金拾猎犬和爱尔兰雪达犬。

笔刷尾：
尾巴有毛发覆盖，如笔刷状下垂，如西伯利亚哈士奇犬。

松鼠尾：
尾巴向头部高翘，尾尖因弯曲而更接近头部，如长毛吉娃娃犬。

另类尾：
尾巴卷，但并不短，如西藏獒犬。

镰刀尾

饰尾

笔刷尾

另类尾

体味

　　许多饲主都有这样的经验，家里为什么养了狗就会变臭？到底臭味从哪里来的？狗狗身上的体味，是由皮脂腺分泌物再加上细菌与酵母菌综合后所产生的。除此之外，虽然狗狗的汗腺不像人类那样发达，但汗水的分泌还是会影响狗狗身上体味的形成。而狗狗身上体味重或轻，就看它身上皮脂腺分泌油脂的速度，速度快的，身上体味就会比较重；反之，体味就会较轻。

　　狗的体味是"环肥燕瘦各不同"。俗话说，幼犬体味重，成犬口水多，按体形论，小型犬的体味是比大型犬重。此外，母犬在发情时，也会散发特殊体味以吸引公犬的注意。另外，狗狗身上体味形成的速度也各不相同，但如果狗狗的体臭在清洗后一两天又恢复原本浓郁的臭味，狗狗就可能患有皮肤方面的问题，饲主最好带狗狗到动物医院检查，才能彻底解决问题，也才是保证狗狗健康最好的方法。

狗狗血统证书的产生

　　动物的血统记录，最早是在 18 世纪末，英国人对赛马的繁殖、改良及纯血统的要求而制定的规范，而后引申至各种动物。犬只也因犬展的举办单位要求，饲主必须出示纯种证明才准予参赛，而后血统登记制度就此延续下来。发展至今，为了使登记方法更加完善，陆续做了不少更改，已发展出一套固定的程序。

　　血统证书相当于狗狗的身份证和户口簿，它是该犬及其祖宗 3~5 代的名字、成绩和毛色等的记录，是判定该犬血统与身份的重要依据。依据血统证书的记载，以其祖先之优劣来判定该犬的血统，并作为繁殖改良上的依据。犬只的改良是依血统的配合及近亲繁殖而定的。作为拥有血统证书的纯种犬或其子女，其身价要高于其他没有血统证书的宠物。由于价值问题，宠物店或繁殖场都会很精心地照料它们，购买这样的宠物相对会放心一些。

血统证书用以确认犬只的真实合法身份

　　狗狗的血统证书是由正规合法的畜犬协会核发的，用以确认犬只的真实合法身份。世界各地的血统证书不尽相同，但大体都包含以下内容：犬的姓名、犬种、性别、出生日期、毛色及其他特征、繁殖者和培育犬舍，该犬 3~5 代直系血亲的详细数据、登录号码、刺青号码、DNA 号码、髋关节号码和植入芯片的记录、比赛记录和转让记录，有的还有训练程度的记录。

　　全世界承认的颁发血统证书的畜犬组织一共有 4 个，分别是欧洲

血统证书有助于狗狗的医疗保健，通过DNA号码和髋关节号码可了解狗狗的先天生理状况。

的 FCI、英国的 KC、美国的 AKC 和日本的 JKC。其中，FCI 是最大的，也是最具威权性的组织，全球有 146 个国家和地区的协会被 FCI 承认，中国台湾畜犬协会（KCT）即在其中。

血统证书之所以产生，其意义在于：首先，血统证书有利于畜犬协会的规范管理。每一只得到血统证书的狗，在畜犬协会也会备案登记，因此畜犬协会能随时掌握其所管辖范围内犬和犬舍的状况。只有获得血统证书的狗，才有资格参加犬展和进行繁殖。

其次，血统证书是繁殖的重要依据。通过此证明书，狗狗 3~5 代直系血亲的记载一目了然，为繁殖者提供了非常有用的信息，可避免杂交繁殖或极近亲繁殖，并作为优性遗传（或显性及隐性）交叉比对的依据。

再次，血统证书有助于狗狗的医疗保健。DNA 号码和髋关节号码可帮助饲主和医师了解狗狗的先天生理状况，更容易采取适宜的医疗手段和保健措施。

最后，血统证书是犬只销售转让的必备证明，更是名系黄金血统的价值证明。销售转让犬只，卖方必须向买方出示血统证书，让买方充分了解该犬的饲养情况和真实身份。而且，血统证书必须随着狗狗一起交由新饲主保管。在正规的犬业市场，血统证书有着非常重要的作用，是绝对不可或缺的。

如何辨别血统证书

核发血统证书的机构，需得到世界畜犬联盟（FCI）的授权，其核发的血统证书才是全球公认的血统证书。饲主应根据所欲申请的血统证书洽询相关机构。

关于辨别血统证书，饲主只要小心阅读，通常都可以辨别出真伪。以下以一个由中国台湾畜犬协会（KCT）发出、获世界畜犬联盟（FCI）认定的黑棕色腊肠狗血统证书为例。

（父）Sire
狗狗的父犬数据

证书中文字代表狗狗的父犬登录过英国冠军（CH. ENG），名为 Eve Jack，出生于一家叫做 Ralines 的犬舍，于 KC（英国畜犬协会）登录犬籍，血统证书编号为 0914CI，并于 2004 登录日本 DNA，证书编号为 001762（DNA JP 001762/04）。
而下一行的 DHM 62321/00-0 则是 2000 年在日本 JKC 登录犬籍的血统证书编号。而 Black Tan 则是指狗狗父犬的毛色是黑棕色（黑棕四目），L指的是长毛，无注明则为短毛。

（母）Dam
狗狗的母犬数据

证书中文字代表狗狗的母犬于 2000 年 5 月登录冠军，出生于日本 Top Banana 犬舍，名为 Dragon Heart，CD1 指的是家庭犬训练等级。
DHM 25854/99 指的是 1999年于日本 JKC 登录犬籍的血统证书编号。而 Black Cream 就是指狗狗母犬的毛色是带黑毛的奶油色。

Name of Dog 培育者当初申请血统证书时帮狗狗取的名字及登录的协会，例如，
KCC.CH/05 Queen Arms JP Belle Isis JKC DHM 72083/03

这代表狗狗于 2005 年在中国台湾畜犬协会登录过冠军（KCC. CH/05），出生于日本的 Queen Arms 犬舍，当时登记的名字是 Belle Isis，于 2003 年在日本畜犬协会登录的血统证书编号是 JKC DHM 72083/03。如果当时没有指定名字，就会由计算机随机取名。

下半部记录血缘的地方分为父母、二代和三代等内容。

36

　　如果没有外国犬协的登录字号，就代表狗狗是在核发证书的国家或地区出生的。而从原出生地的犬籍登录号码则可推测该犬的出生年份；如 KCC LD 12345/02、JKC DHM 00000/02 可推测它是 2002 年生的，但这也非绝对，也有可能它是 2001 年 12 月出生，而繁殖者到 2002 年 1 月才向原出生地的犬协登录犬籍。

　　"二代"和"三代"的资料同理可证。如图中 3、4 字段记载狗狗父系的祖父母；5、6 字段则记载狗狗母系的祖父母；7、8 字段就是 3 字段的父母；9、10 字段就是 4 字段的父母；11、12 字段就是 5 字段的父母；13、14 字段就是 6 字段的父母。

　　而在血统书背面，尚有"所有者变更"一栏，购买狗狗后一定要进行所有人的登录和名义的变更。而"同胎仔犬名"一栏里登记了狗狗的同胎兄弟姊妹的性别与姓名，如果繁殖者当初申请血统证书没有分别帮狗狗们取名字，可以发现同胎犬的名字第一个字母都是一样的。

　　完成表格后，寄至欲申请的相关团体，当协会的犬籍簿上登录新所有人的名字后，就会将血统证明书的名义变更寄给所有人。但在进行姓名变更之前，必须先加入该团体，成为该会的会员。

认识核发血统证书的机构

英国畜犬协会

　　世界上最早成立的犬协是英国畜犬协会(Kennel Club,简称KC),成立于1873年,其目的是对所有纯种犬加以登记注册,并承办犬展活动。1873年6月,KC即举办了第一次犬展,共有975只狗参加这场名为水晶宫展的比赛。随后,KC很快地制定了优胜犬只的授奖办法,以优胜证明书作为奖励,此证明书是具冠军资格犬只的证明。KC不但是世界上最古老的犬协,也是三个公认对犬种群分类最有影响力的组织之一,至今已认定的犬种超过190种以上,每年更以主办"CRUFTS犬展"而闻名于世。

美国畜犬协会

　　美国畜犬协会（American Kennel Club，简称AKC）成立时间比英国畜犬协会晚了11年,美国畜犬协会成立于1884年,截至2006年已认定153个犬种。AKC和KC不同的地方在于,KC一直维持男性社交俱乐部形态,到1979年才开放吸收女性会员;AKC不是俱乐部性质,而是一个庞大的非营利性组织,有固定雇员,并从全美各地579个名犬俱乐部的代表中选出董事会成员及董事长。AKC的主要功能是犬只登记,但是它的服务范围很广泛,组织本身极具权威,得以全面监督犬展。

美国联合育犬协会

拥有每年30万犬只登录，美国联合育犬协会（United Kennel Club，简称UKC）是世界最大的表演犬登录协会之一，也是美国成立时间第二长的全种犬登录协会。它成立于1898年，一个多世纪以来，UKC以其比赛项目和活动支持"全能犬"的宗旨。

从一开始侧重狗的外貌，UKC的比赛活动和计划目前已兼重外貌和表现。UKC的活动项目包括服从性考验、敏捷度考验、拉重项目、㹴犬竞赛和地面工作犬竞赛等。其中，体形比赛是成长最快的活动之一，相关犬展都是适合全家人、由犬种繁殖兼指导手为繁殖者所举办的活动，因此，专业繁殖者是不适合参展的。

除了纯种犬登记之外，UKC也有"有限特权计划"，此活动开放给所有被阉割的狗，包括混种犬、族谱不详的纯种犬及在UKC标准中被定义为不合格的纯种犬。活动项目包含服从性考验、拉重比赛和敏捷度考验等。

世界畜犬联盟（FCI）

国际上最具威权的犬类认证机构是世界畜犬联盟（Fédération Cynologique Internationale，简称FCI），成立于1911年。总部设在比利时的世界畜犬联盟是一个以欧洲国家为主的国际性组织，创始会员国包括德国、奥地利、比利时、法国和荷兰等，先后分别在欧洲、拉丁美洲及南美洲、亚洲、非洲、大洋洲及澳洲等几十个国家和地区拥有分支机构，旨在提升和保障世界犬种的品性。

Chapter 1

世界畜犬联盟在亚洲的分支机构是亚洲畜犬联盟（Asia Kennel Union，简称AKU），在日本的分支机构是日本畜犬协会（Japan Kennel Club，简称JKC），在中国台湾地区的分支机构是中国台湾畜犬协会（Kennel Club of Taiwan，简称KCT）。

FCI承认的犬种共计331种，其中包括一些在原产国之外不为人们熟知的犬种，其认证的血统证书是唯一世界通用的资格证书。虽然是一个统一的国际性组织，但是FCI有比较强的兼容性，它包含有79个成员机构，这些机构有自己的特性，但都归FCI统一管理，并且使用共同的积分制度。

FCI的主要职责包括：

监察其会员机构每年举办4次以上的全犬种犬展。

统一各犬种原产国的标准，并广泛公布。

制定国际犬展规则。

组织、评审及颁发冠军登录头衔。

制定协会成员血统记录，认定犬种标准。

中国台湾畜犬协会所举办的美容检定暨美容大赛。

中国台湾畜犬协会

中国台湾畜犬协会（Kennel Club of Taiwan，简称KCT）是中国台湾地区最具公信力的畜犬协会之一，也是目前中国台湾唯一获亚洲畜犬联盟及世界畜犬联盟认可的协会。KCT是中国台湾唯一参加FCI的团体，成立之初即以参加这个世界组织为目标，不论在比赛的层次上或血统的学理研究上，都以这个世界认同的标准为主。

参加FCI的协会都必须遵守其规章、竞赛方式及对血统的研究结果。目前，只有FCI颁发的血统证书受到全世界共同承认，KCT既是FCI会员协会，其所核发的血统证书自然受到FCI及全世界的认可。

日本畜犬协会

日本畜犬协会（Japan Kennel Club，简称JKC）是亚洲地区最为活跃的犬协，其前身成立于1949年，成立隔年即举办第一次犬展，当时全日本约有300只犬参赛。1952年，这个犬协正式采用日本畜犬联盟名称，并于1972年协助FCI成立其亚洲分部——亚洲畜犬联盟。1979年JKC加入FCI，成为FCI在日本的分支机构。JKC积极投入新犬种的培育，于1992年开始培育灾害救助犬，并于1999年中国台湾921大地震时，派遣灾害救助犬至中国台湾协助搜救。截至2005年2月，JKC登录承认的犬种约有180种。

Chapter 2

玩赏犬群
Toy Group

吉娃娃犬、北京犬、约克夏㹴犬、蝴蝶犬、
博美犬、玛尔济斯犬、中国冠毛犬、日本狆犬、
布鲁塞尔葛林芬犬、比熊犬、西施犬、
玩具贵宾犬、迷你贵宾犬、巴哥犬、日本狐狸犬、
骑士查理王猎犬和意大利灵提

认识玩赏犬

小 型玩赏犬或膝上犬被归类为玩赏犬群，归类原则主要还是基于犬
种的体形。玩赏犬种是在人的主导下繁育的宠物，当人们希望有
某种类型的犬种出现时，自然会朝那个方向让犬种繁衍下去。而且玩
赏犬种出现的时期，正好是人类社会已经进化到一定的繁荣程度，其
繁衍目的不像猎犬和工作犬是为了替饲主工作而培育的，它的出现是
为了满足人们心理慰藉而生。

陪伴的需求带动了玩赏犬的繁衍

不论在东方或西方，都可追溯到玩赏犬的存在历史，而且一开始，
玩赏犬就是由王公贵族所饲养。这些有钱又有闲的贵族选狗饲养时，不
需要像农夫和猎人因工作或生活需要而挑选具有"功能性"的猎犬，他
们需要一种适合室内饲养、体形娇小且野性不太强烈的犬种。聪明的
人类想到可以利用人工繁殖，很快便带动了玩赏犬种的潮流。

玩赏犬种的培育就是为了陪伴主人，因此它们受欢迎的程度及地
域性的分布都是很平均的，不会发生某个区域特别走红某一种玩赏犬
的现象。据美国畜犬协会网站上历年的统计，如果将犬只的总数相加，
玩赏犬种可算是全美最受欢迎的犬种群。其中最大的原因还是现代饲
主对于狗狗的需求有所转变，大部分的人要的是一只小小的、贴心的、
温和的且不会带给饲主太多清理上的困扰，同时又不会吵到邻居，破
坏力也较小的狗狗。

玩赏犬的体形特征

要判断玩赏犬种，从外观来看，只要是小型犬种，绝大部分都属于此犬种的分类。因为玩赏犬种的英文名称为"toy group"，也就是小型犬种的意思。但关于外形上很有趣的一点是，在东西方不同国度与文化繁殖之下的玩赏犬，特色壁垒分明，值得玩味。

东方玩赏犬种：短胖、大黑脸、大眼睛

东方犬种和西方犬种在外形上有很大的差别，东方玩赏犬种都具有短鼻和大眼睛的特征，如西施犬等，这与博美犬、贵宾犬、玛尔济斯犬和吉娃娃犬等西方玩赏犬种的长相大相径庭。

这种特色或许和中国人的审美观有很大的关系。历史上的知名人物，三国演义中的张飞就是个短鼻、大眼的武将；会抓鬼的钟馗也是。在中国人的心目中，短鼻、大眼看起来特别威武，因此连繁衍的动物都以此作为美学的标准。

西方玩赏犬种：瘦高、醒目、被毛、小嘴巴

西方的玩赏犬在身材的比例上，很明显比较瘦高，不似东方犬种短胖，脸部也显得比较长。另外，犬种的毛色也是特征之一，例如，玛尔济斯犬和博美犬都以拥有一身傲人的被毛著称。嘴巴都是小小、尖尖的，不像东方犬种的口吻部较大。

玩赏犬的性格特质

玩赏犬的分类方式除了以体形区分之外，更重要的是以性格来区分。在培育过程中，温顺柔和是玩赏犬的性格特色。

天生爱吠叫的本性

很多人对玩赏犬种的印象是特别爱尖叫，个性不够稳重，容易激动。所以通常提起玩赏犬时，就会有"太神经质"的联想。其实，爱叫的个性也算是玩赏犬的特色之一。

有人说爱吠叫的特性是因为玩赏犬比其他犬种的心思细腻，一有风吹草动，就会用叫声提示饲主；另一种说法是，因为玩赏犬个子小，要用声音来壮胆，先给对方一个下马威，以免被欺负。

训练比较不易

玩赏犬种不像工作犬那么容易训练，这是可以理解的。

第一，它们被繁衍出的目的不是为了听人类使唤做事情，先天成为工作犬的优势条件已经不在。存在于血液中的野性在繁衍的过程中消磨掉许多，其中也包括集体服从领导的天性。

普遍认为，比较凶、比较坏且比较爱吃的狗较容易训练，相对地，比较胆小的狗狗则难训练。由此可知，小型犬的勇敢度及挑战的胆识绝对没有大型犬高，这是体形上的弱势造成的。此外，小型犬对于家庭的破坏力根本不足以要用到训练。但这并非代表玩赏犬完全教不会，它们只是与其他犬种相比较不易训练而已。

玩赏犬的饲育重点

玩赏犬在饲育上的问题不大，它们的食衣住行育乐等各方面，是所有犬类中比较容易满足需求的一种，而一般玩赏犬都有9年以上的平均寿命。

胃口小、活动量少

玩赏犬体重轻、体形娇小，所以不需要大量喂食。给食内容也以少量多餐、颗粒细小的干料喂食即可。

另外，玩赏犬不需要太多的运动，甚至有些饲主怕狗狗出门弄脏干净的毛发，干脆抱在怀里带出门，狗狗平时的运动也只是在家中走动而已。上述优点很适合每天生活忙碌、居住空间不大的饲主，不仅付出的时间和精力比大型犬少了许多，获得的养狗乐趣却不减。

气管塌陷、骨骼脆弱要注意

玩赏犬是通过人类控制繁殖筛选特征的人工犬种，这种娇弱的犬种根本无法生存在野生的环境下，只能适应城市的生活环境。

玩赏犬种需要注意的地方是，在人工繁殖之下，它们带有许多先天上的疾病问题，如骨骼太脆弱等。举例来说，博美犬的腿骨很容易骨折；吉娃娃犬的天灵盖没有闭合完全；还有气管塌陷问题，这些都是玩赏犬的常见问题。这些问题或许不会让狗狗立刻有生命危险，不过却使它们显得十分脆弱，因此饲养玩赏犬的饲主要处处小心，以免狗狗受伤。

吉娃娃犬
Chihuahua

　　吉娃娃犬圆睁的杏眼闪着晶莹的泪光，一脸无辜的表情；挺立的大耳朵，像是能听懂主人的所有烦恼；亮晶晶的大眼睛，像是能看出主人心里的委屈，再加上爱撒娇又黏人的个性，因此它是全世界体形最小、最受欢迎的伴侣犬之一。

吉娃娃犬资料
体形： 小型犬
身高： 15~23 厘米
体重： 3 千克以下
原产地： 墨西哥
历史： 1890 年第一次出现在美国的犬秀上。1904 年 AKC 正式承认此犬种。
用途： 玩赏犬
性格： 贴心，大胆

短毛型尾巴是卷曲状短毛

长毛型一岁半时的模样

吉娃娃犬Chihuahua

特征

1 圆头形。

2 短而尖的吻部。

3 具有光泽柔软的短毛。

4 尾巴是卷曲状短毛。

5 耳朵很大且尖。

6 眼凸，又大又圆。

7 毛色有棕栗色、淡黄褐色、铁青色和银色。

8 脚趾无饰毛。

9 后肢肌肉发达。

起源与特色

　　起源于 18 世纪的吉娃娃犬，它的名字和墨西哥某地的名称相同，因此大部分人都相信吉娃娃犬起源于墨西哥，但正确的起源和历史目前已经无从考察。这些狗狗在墨西哥被发现后，被带回美国。第二次世界大战后，因为其娇小的体形及讨人喜爱的个性而成为美国的流行犬种，继而慢慢输出到世界各地，从此大放异采。现在吉娃娃犬已成为全世界体形最小且最受欢迎的伴侣犬之一。

　　吉娃娃犬可分成短毛吉娃娃犬与长毛吉娃娃犬两种，多数美国育犬家都认为长毛吉娃娃犬乃是原种，但有另一说法认为长毛犬种是由短毛吉娃娃和约克夏、蝴蝶犬交配而来。

　　长毛吉娃娃犬与短毛吉娃娃犬在体态上并无太大差异，圆圆的头部，晶亮的圆眼大且稍微突出，耳朵为尖尖的三角形，与头部约呈45°角，不到3千克的迷你体形，有人称它们为小精灵。长毛型与短毛型最大的差异在于身上的被毛长短。一般而言，看耳朵边缘外侧、前胸与尾部是否有饰毛，即可分辨。其毛色常见的有白色、奶油色、淡黄褐色、梨色、黑斑和褐斑等。

性格与相处

　　吉娃娃犬的个性动静皆宜，它们安静时不会让人产生疏离感，对人热情却又不会过分黏腻，所以很多男性也喜欢养吉娃娃犬。它们生性活泼好奇，有一点胆小，却不会因为紧张而吠叫；它们对饲主很贴心，爱撒娇，需要人的关怀，但对陌生人则比较敏感。

> 小狗狗身体发抖可能是体温过低，也可能是其他原因，饲主需多方观察，并向动物医师咨询。

　　吉娃娃犬有一种有趣的习性，就是很容易发抖。有时是因为害怕，但多半是因为兴奋或感到高兴，加上含着泪光的微凸双眼，让人心生怜惜，许多名媛贵妇都对它爱不释手。

饲养与照顾

　　短毛吉娃娃犬的平均寿命为15岁，是目前世界上统计过的平均年龄最长寿的犬种。它们的食量很小，每月固定花费非常少，是非常适合家庭或单身男性、女性在公寓或大厦内饲养的犬种。

　　它们的被毛除一年1~2次的换毛期外，很少脱落，所以不需要天天帮它梳毛。吉娃娃犬冬天会比其他犬种更怕冷，因此饲主要记得帮它们保暖。它们的运动量不大，家里只要有足够的活动空间，每天让狗狗在家里自由奔跑10分钟，就可以满足它们的运动需求，也可以帮助它们消除紧张感。

　　吉娃娃犬在七八个月时，乳齿应全部换牙完毕。但是部分吉娃娃犬可能是遗传上的问题，乳齿不易自行掉落，但此时永久齿又急着长出来，就造成狗狗嘴巴内同时拥有乳齿及永久齿的"双层牙"问题，容易引发蛀牙、牙周病和牙结石，最后导致狗狗无法进食。

　　吉娃娃犬的眼睛大而圆，而且稍微外凸，所以在游戏及玩耍的过程中，一不小心就容易被其他犬种的趾甲抓伤眼睛，造成失明的情况。另外，千万不要敲吉娃娃犬的脑袋，因为它们先天有水脑症与头盖骨闭合不完全的问题，尤其是幼犬时期，必须特别注意头部的保护，千万不可让狗狗头部遭遇外力撞击，以免发生遗憾。

北京犬
Pekingese

　　北京犬扁脸、四肢短且长毛，天生就是要被当做玩赏犬受人们宠爱的。它们被中国古代帝王小心翼翼地守护着，拥有许多神秘而有趣的故事，毛茸茸的它们，脸上总是流露出一种自信和骄傲的神情，因为它们自古就是人捧在手心里的爱犬。

北京犬资料

体形：小型犬

身高：15~23 厘米

体重：3~6 千克

原产地：中国

历史：起源于 1 世纪，1906 年
　　　AKC 正式认可此犬种。

用途：玩赏犬

性格：坚强、敏感

别名：北京喇叭犬（Peking Palasthund）、袖犬

母犬 2 岁时的模样

一身白色被毛需经常梳理

北京犬 Pekingese

特征

1 圆头形，宽而扁平的头骨。

2 大而圆的黑眼睛。

3 耳朵为长折耳。

4 被毛为长毛。

5 毛色有白、棕红、灰黑和黄褐等。

6 尾巴不需要剪尾。

7 宽鼻，大大的鼻孔。

8 小巧可爱且短小的四肢。

53

起源与特色

　　北京犬有许多有趣的传说，据说北京犬的由来是因为当时有一只狮子与猴子相恋，狮子为了和相爱的猴子在一起，因此向保护动物的守护神祈求，希望能将自己的身体变小，但仍然保持狮子的尊贵与性格，因此在古代北京犬又称为中国的狮子犬。

　　还有一种说法为，北京犬以往只能为皇帝所饲养，因为它们的扁脸看起来很像是人的脸，因此被认为是半神的象征。以前皇帝出巡，总会有许多北京犬在前领路，并以叫声表示"皇上驾到"，而朝中的大臣还得向它们鞠躬以示尊敬，若皇上不幸驾崩，则北京犬也要跟着皇上陪葬，以保护皇帝在另一个世界的安全。

　　北京犬最盛行的年代是 1821—1851 年，据说当时连孕妇睡前都得看着北京犬的图画才能入睡，因为看"美"的事物对胎儿有帮助，并希望孩子能和北京犬一样，拥有无与伦比的尊贵气息。

　　与北京犬相关的有趣故事相当多，而它们也在八国联军攻陷颐和园时，流传到了英国。1904 年在英国建立了北京犬的俱乐部，开始繁殖饲养。然而就在慈禧太后死后，北京犬在中国面临了空前的危机，为了不让它们流入民间，官员们无情地屠杀它们，所幸仍有许多北京犬逃过一劫，幸存下来。

　　传统上中国人对白色有忌讳，认为白色代表着哀悼和悲伤，所以北京犬在早期是有其他毛色的，如棕红、灰黑和黄褐色等，但若出现白色的犬种，会被认为是伟大的人物死亡后灵魂转世到它们身上，因而被寺庙小心翼翼地饲养着。但现在白色的禁忌已经不复存在，常见

> 基本上人类的食物，都不适合狗狗食用，如高油脂、高盐分或含其他添加物的食品，会增加狗狗肾脏的负担，甚至有些食物会造成狗狗的严重中毒。

的北京犬也开始以白色居多。

北京犬一般的高度维持在15~23厘米，体重3~6千克，如果在2.7千克以下，则会被认定"袖子北京犬"。这是因为在古代，人们的袖子大到可以放得下一只北京犬，因此而得名。但若是体重介于2.7~3.6千克，则只能被归属为迷你型的北京犬。

性格与相处

北京犬的个性十分勇敢、坚强且独立，但同时也相当敏感，对于陌生人会保持一定的警戒，也许是因为自古以来就被人们捧在手心里疼爱，所以个性上较具有占有欲，甚至会出现嫉妒的情形。但是一旦它认定了饲主，就会死心塌地的跟着饲主，也会在危险的时候保护饲主，即使它们的体形娇小，但却拥有相当坚强的个性。所以建议饲主饲养前要考虑到北京犬需要人类大量疼爱和照顾的性格。

饲养与照顾

北京犬的最大特征在于扁脸，需特别注意眼睛和呼吸道，作为短吻犬的它们容易遭到异物的侵入，出现健康问题。北京犬也常会感冒，适时帮助它们保暖和散热，是饲主不能忽略的一环。

由于北京犬是长毛的小型犬，因此每天梳毛绝对是必要的。此外，因为北京犬容易有发胖的情况发生，在饮食和运动上，饲主需要多花点心思。一般比赛级的标准北京犬，体重大多会维持在4.5千克左右，而居家饲养的北京犬，体重也不应超过6千克。

约克夏㹴犬
Yorkshire Terrier

约克夏㹴犬因身上如丝绸般的金黄发亮的毛发，被人们称之为"会移动的宝石"，它们身形娇小、聪明爱撒娇，占据了很多小朋友梦想犬种的排行榜第一名，也是很多家庭主妇和小女生的最爱。

约克夏㹴犬资料

体形：小型犬

身高：17~20 厘米

体重：1.8~2.3 千克

原产地：英国

历史：起源于 19 世纪，在美国最早的记录是在 1872 年，1885 年 AKC 正式认可此犬种。

用途：捕鼠

性格：撒娇、聪明

别名：苏格兰断毛㹴犬（Broken-haired Scottish Terrier）

约 2 个月大的模样

刚出生的幼犬毛是黑色的

约克夏㹴犬 Yorkshire Terrier

特征

1 方头形，平顶的头部。

2 呈倒"V"字形立耳，耳朵比例不可过大，耳尖过圆或垂耳都不算标准。

3 嘴上的毛很长。

4 一般头部、四肢和胸部为金黄色与黄褐色，身体为钢蓝色或铁青色，四肢挺直。

5 明亮清澈，大小适中的圆眼。

6 毛质柔顺发亮，长丝无鬈曲，可留长至贴地。

7 圆足。

起源与特色

约克夏㹴犬是19世纪时，由英国约克夏地区的矿工培育出来的可爱犬种。

约克夏㹴犬的血统来自于数种不同的犬种，过去是来自于苏格兰断毛犬及毛稍长带点蓝灰色被毛，被称为水边犬的犬种混合而成，是为了要猎捕老鼠而开始培育的。后来混合玛尔济斯犬及史凯㹴犬，才确立了现代约克夏㹴犬的犬种。直到1886年，正式定名为约克夏㹴犬。

约克夏㹴犬的幼犬跟成犬在外观上有些不同，幼犬还没完全呈现金黄发亮的毛色，深咖啡色的身体，前胸与四肢有少许黄毛，耳朵还没立起来。就是这样乱乱杂杂的模样，让约克夏㹴幼犬即使还没出落成美丽的天鹅，却有着不同于成犬的可爱，难怪大人小孩都会被它的娇嫩姿态吸引在橱窗前不忍离去。

理想的约克夏㹴犬，耳朵需呈倒"V"字形立耳且比例不可过大，耳尖过圆或垂耳都不算标准。眼睛需明亮清澈，为大小适中的圆眼。成犬的毛色为头部、四肢和胸部为金黄色与黄褐色，身体为钢蓝色或铁青色；毛质柔亮，长丝无卷曲，可留长至贴地。

性格与相处

约克夏㹴犬天生喜欢与人撒娇，容易跟家人打成一片，但同时也需要很多关爱。在某些情况下它们的叫声似乎有点急躁，但那是因为当气温较低时，应对刚出生的幼犬加强保暖，以免体温过低。可在居住处铺上保温的布料，随时注意小狗的肚子是否饿了，以免因血糖过低而昏厥死亡。

它们太需要饲主的关注，脑袋瓜子里又充满了机灵的想法所致。如果用心去了解它们吠叫的原因，就不会觉得它们是故意吵闹了。

它们的个性很容易亲近人，但小孩子一不小心也会将约克夏㹴犬弄伤，所以当它跟小孩子相处时，要保护的反而是狗狗。

饲养与照顾

约克夏㹴犬的身躯娇小，不论是公犬还是母犬，都不会超出 3 千克。因为体形不大，自然食量也不会太大，运动量也不如中大型犬种，一天可喂食一餐，适合忙碌的现代都市人饲养。因为其骨骼纤细，饲主搂抱它时要注意力度，否则狗狗容易受伤。

约克夏㹴犬拥有一身漂亮的被毛，从小就要开始让它们习惯被人梳理毛。若希望留长它们身上光亮的金黄被毛，便需要经常整理，让毛发不至于打结，并且保持色泽。

约克夏㹴犬易患的遗传性疾病为侏儒化，因为约克夏犬母犬最多只能生 3~4 胎，之后再生产就有可能生出侏儒化的幼犬，生出来的尺寸比正常犬小一半，长大以后四肢还会长短不一。

第二颈椎变形也是小型犬常见的关节疾病，发病时狗狗会出现跳着走路的状况，以上两种病症都是可以预防的，幼犬时期饲主要注意不要让狗狗运动过量。

蝴蝶犬
Papillon

　　蝴蝶犬因一对大如蝴蝶翅膀的耳朵而让人印象深刻,加上蝴蝶犬奔跑时轻巧灵活的步伐,在微风中看起来宛如一只翩翩飞舞的蝴蝶。蝴蝶犬灵巧可爱,聪明伶俐、懂得察言观色且不随意吠叫,是最贴心的居家伴侣犬。

蝴蝶犬资料

体形:小型犬
身高:20~28 厘米
体重:3~5 千克
原产地:祖先来自西班牙,文艺复兴
　　　　时期引进法国。
历史:起源于 17 世纪,1915 年 AKC
　　　正式认可此犬种。
用途:玩赏犬
性格:友善、机警
别名:(欧洲)大陆玩具西班牙猎犬
　　　(Continental Toy Spaniel)

尾巴的毛像松鼠般蓬松

如蝴蝶般的大耳朵

蝴蝶犬 Papillon

特征

1 圆头形，颅骨小又圆。

2 眼睛大而圆，脸部中央有一条白纹。

3 有一对丝毛状的大耳，看似蝴蝶的翅膀。

4 尾巴上的毛呈蓬松状，像松鼠的尾巴，也像是一只开花的毛笔。

5 吻部小，黑鼻。

6 胸前的丝毛呈放射状。

7 毛质属于长毛丝状，非常柔软密实。

8 毛色有黑白、褐白和黑白褐三种色。

起源与特色

　　蝴蝶犬的祖先源于哪个国家众说纷纭，有人传说是来自中国、西班牙或比利时，但比较确定的是，文艺复兴时期引入法国，成为法国贵族们的宠物，是法国最古老的犬种之一。相传法国国王路易十六的玛丽皇后十分喜欢蝴蝶犬，还曾带着蝴蝶犬共赴刑场结束一生。在许多艺术家的作品里，蝴蝶犬常常成为其笔下的模特儿。

　　蝴蝶犬的特征是一对大大的耳朵，法国人看到蝴蝶犬的脸部中央有一条白纹，有如蝴蝶的身体，将脸部的色块区分开来，乍看之下，一对丝毛双耳宛如欲振翅飞舞的蝴蝶，因此称之为"papillon"，在法文里有蝴蝶和蛾的意思。

　　路易十四时期的蝴蝶犬属于垂耳型，后来到了19世纪时，法国及比利时繁殖出竖耳的蝴蝶犬。一般人将早期的垂耳犬种称为"蛾犬"，立耳的犬种称为"蝴蝶犬"。

　　1935年时，蝴蝶犬开始获得血统的认定。在20世纪时，经过英国人和美国人的培育改良后，蝴蝶犬的体形开始变得比较小。身高为20~28厘米，体重3~5千克。

　　除了一对丝毛状的大耳外，蝴蝶犬外形的特征还包括小而圆的颅骨、小巧的吻部、黑鼻、大而圆的眼睛及蓬松散开如松鼠的尾巴。

性格与相处

　　蝴蝶犬不但外形可爱，而且姿态高贵优雅，具有贵族气息。它们

蝴蝶犬与长毛吉娃娃犬的特征差异

特征	蝴蝶犬	长毛吉娃娃犬
耳朵	耳朵比较大，毛量也比较多且长，呈一丝一丝的放射状，几乎看不到耳道	耳朵略小一点，毛量也比较少且较短
胸前的毛	胸前的丝毛量非常多，呈火焰放射状，有时看起来像是披了一个披肩在胸前，是非常明显的特征	鼻子是黑色的，但长毛吉娃娃犬的鼻子略短一点
尾巴	尾巴像松鼠的尾巴，量多且蓬松，有时会向上卷曲	胸前的毛明显比较短，而且毛量也较少
体形	身长比长毛吉娃娃犬长，四肢也比较细长，鼻子略长且尖一点	尾巴的毛量比蝴蝶犬少，呈自然下垂状，鼻子也较短

平易近人，即使是陌生人靠近，它们也会摇着尾巴跟陌生人玩，不过，随和的蝴蝶犬对陌生人的热情只有 3 分钟。

蝴蝶犬是一种聪明伶俐的犬种，它懂得察言观色，如果饲主的心情不好，它会安静地乖乖待在一旁，不吵也不闹；如果饲主回家后，热情地呼喊它的名字，它会热情地回应饲主，并黏着饲主不放。细腻且温和的蝴蝶犬，算是比较贴心的狗狗，很适合作为伴侣犬。此外，不随意乱吠的优点，很适合居住在公寓的人饲养。

虽然蝴蝶犬的性格很温驯，看到陌生人也不会乱叫，不过，它也会有闹情绪的时候。当它觉得心情不好或觉得自己被饲主冷落时，会故意乱大小便借机报复饲主的不关心，由此可见，蝴蝶犬是一种需要饲主常常陪伴的犬种。

饲养与照顾

蝴蝶犬体味淡，拥有一身长长的被毛，身上的毛质属于丝毛，摸起来的触感非常柔软滑顺，像使用了润毛液一般，因此毛发不易打结，可以为饲主省去许多梳理的时间和金钱。不过，耳朵的丝毛较不同，需要饲主每隔 2~3 天梳理一次才行。

在运动量方面，由于蝴蝶犬属于小型犬，四肢细长，不适合过于剧烈的运动（如快速的跑步），所以平时只要带它出门散散步，运动量就足够了。

博美犬
Pomeranian

博美犬有一身蓬松的被毛，毛茸茸、圆滚滚的就像个洋娃娃，圆亮的眼睛、小小的嘴，聪明、机警，外向且活泼，是非常称职的家庭伴侣犬。

博美犬资料

体形：小型犬
身高：20 厘米左右
体重：1.8~2.5 千克
原产地：德国
历史：起源于 19 世纪，1888 年 AKC 正式认可此犬种。1911年美国博美俱乐部举办了第一次单独展。
用途：玩赏犬
性格：友善、开朗、积极
别名：波美拉尼亚犬

似狐狸的脸，耳朵小而尖

花博美 2 个月大的模样

博美犬Pomeranian

特征

1 长头形。

2 茶色或黑色的眼睛。

3 如狐狸般竖立的小耳。

4 黑色鼻头。

5 毛色有棕白、白色、淡黄色和灰黑色。

6 双层毛：柔软且毛茸茸的内层毛；长直、具光泽且披覆全身的外层毛。

7 尾巴卷曲翘起在背部上方。

起源与特色

博美犬发源于德国，祖先为北欧的狐狸犬，体形较大，起初是作为牧羊犬及工作犬，经过改良之后变成现代的博美犬，并以其原产地"Pomeranian"来命名。1888年，英国维多利亚女王将博美犬从意大利带回英国，自此开始流传于世界各地。

博美犬是国内近年来的热门犬种，即使在体质和个性上都有少许缺点，但是仍然受到欢迎的原因在于：它们对饲主怀有仰慕之情，而且相当爱撒娇，又永远精神奕奕，再加上被毛蓬松亮丽，使它们就好像洋娃娃般可爱。

它们的被毛蓬松，尾巴翘起来时就像个毛球，脸部嘴短短尖尖，像只小狐狸。骨架细小，四肢也细细小小，蓬松的被毛掩盖了其真实的体格，走起路来像蜻蜓点水般轻盈，许多人特别喜欢它们小小的尖耳朵，还有小小的嘴巴，看起来特别讨人欢喜。常见的毛色有棕色、白色、淡黄色和灰黑色四种。

性格与相处

博美犬对于自己喜欢的事情永远都是开朗活泼地去面对，好奇心很强，会主动观察吸引它的事物。可是它们比较容易紧张，对于没见过的人或声响都很敏感，会用声音和愤怒的表情来表达它们的不安与不满，所以容易出现吠叫的问题，饲主需多了解它们的需求，并给予适当训练。

虽然它们体形娇小，似乎对小孩子没有威胁性，但是实际上它们幼犬出生1个月左右，因为开始长牙齿了，吸吮乳汁会令狗妈妈不舒服。趁这个时候可让幼犬换喝离乳粉，并让它们学习从碗里获得食物。

双方都很有可能伤害到彼此。因为博美犬的骨骼脆弱，小孩子一不小心就会摔伤它们，造成骨折；博美犬的个性急躁，也有可能突然上前咬小孩子一口。

博美犬非常聪明、机警，这从它们的外在表现便可以看出，它们其实相当外向、热情且乐于与人互动，是一只很好的伴侣犬。它们通过宏亮的吠叫声，通知饲主陌生人的闯入，也是相当优异称职的看守犬。

饲养与照顾

博美犬很适合作为家庭宠物，因为它们无体臭又少掉毛，因此极易饲养。不过博美犬虽不算是长毛的狗狗，但是仍需要经常梳理被毛维持美观。此外博美犬被毛浓密且很难留长，最多要花3年的时间才能长齐。

博美犬的骨架相当细，骨骼脆弱，不经意的撞击很可能就会造成骨折或脱臼，所以活动时需特别注意，千万不要让它们跳上跳下。另外，在拉牵绳或绑项链的时候不要用力拉扯脖子，以免造成气管塌陷。同时博美犬天生气管狭窄，容易导致气喘。

健康的博美犬是长寿的犬种，有15~16年的寿命。博美犬的牙齿问题可能是此犬种最严重的健康问题，牙齿问题可能恶化造成心脏问题，甚至导致早夭。博美犬天生易流眼泪，饲主需要多注意清理眼睛周围。膝关节韧带异位也属于博美犬常见的遗传性疾病。

Chapter **2**

玛尔济斯犬
Maltese

　　玛尔济斯犬一身雪白的长毛，甜美闪耀的双眸、精巧又秀气的脸庞，体态优雅，宛如迷你版的小公主，让很多人第一眼见到它就喜爱上它。自古玛尔济斯犬就是贵族宫廷仕女们的最爱，直至今日，它们仍是历久不衰的热门犬种。

玛尔济斯犬资料

体形：小型犬

身高：25 厘米以下

体重：1.8~3.2 千克

原产地：地中海地区马耳他岛

历史：起源于公元前 500 年，1877 年第一次出现在伦敦西敏寺狗展，1888 年 AKC 正式认可此犬种。

用途：捕鼠

性格：友善、活泼、撒娇

别名：玛尔济斯比熊犬（Bichon Maltiase）

以一身白毛的可爱模样著称

2 个月左右的模样

2 岁 6 个月的模样

玛尔济斯犬 Maltese

特征

2 眼睛浑圆，眼线分明，眼睫毛长而翘。

1 圆头形，额头高挺而浑圆，有如半个圆苹果。

3 紧贴脖子的倒三角形耳朵。

4 尾巴卷曲置于臀背上。

5 鼻段越短越可爱，标准长度为 1 个半手指宽，颜色黝黑。

6 舌头粉红浑圆呈倒心形。

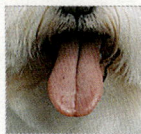

7 越细长的脖子，越显得优雅而高贵。

8 白毛底下的皮肤颜色是柔柔的粉红色。

9 丝质般长毛，不易掉毛。

10 最常见的毛色是局部带柠檬黄的米白色，最著名的是如丝缎般的纯白色。

起源与特色

玛尔济斯犬来自地中海区域的马耳他群岛,是已有2800年历史的古老犬种。源自于天生的犬种魅力而使人对其产生好感,让玛尔济斯犬成为世界上历久不衰的犬坛长青树。

16世纪,土耳其大帝将一只玛尔济斯犬送给英国伊莉莎白女王,女王极度宠爱它,用的是黄金器皿,戴的是顶级华丽珠宝,还请诗人赞扬它的高贵甜美。因为女王的极度宠爱,玛尔济斯犬的"社会地位"迅速上升,当时女王的表亲是苏格兰的玛丽皇后,同时也拥有玛尔济斯犬,两位女王常常为了宝贝狗狗隔空较劲,不断花尽心思寻找培养秘方,使玛尔济斯犬成为欧洲上流社会的流行风潮。

玛尔济斯犬的外形非常讨人喜爱,高挺而浑圆的额头,就像半个圆苹果;眼睛浑圆闪闪发亮,眼线分明,眼睫毛长而翘;鼻段短而可爱,鼻头黝黑;卷曲的小尾巴,置于翘而挺的臀背上。粉红色的心形小舌头及总是挂着甜美微笑的小嘴是其最大特点。

它们的被毛柔顺有光泽,在保养好的状况下,如白色瀑布直直垂下非常美丽。全身被毛匀称犹如白雪,最常见的毛色是局部带柠檬黄的米白色,最极致的是柔直细致如丝缎般的纯白色。它们是非常漂亮的伴侣犬,无论是公犬还是母犬都很秀气,很难分出性别。

性格与相处

玛尔济斯犬最令人着迷的就是它们一对纯真无邪的像珍珠般的圆眼,还有总是笑眯眯的五官表情。看过此犬种的人都会觉得,世界真

玩赏犬群 Toy Group · **玛尔济斯犬 Maltese**

> 幼犬从离乳粉到一般干饲料的换食过程，最好可以持续1个月以上。可先买一般小颗粒的幼犬干饲料，用榨汁机将干饲料打成细粉，即为离乳粉了。

是和平没有纷争。

它们的个性温顺稳定，活泼聪明且充满感情，因此受到女性的喜爱。它们对小孩子很亲近，本性善良，很适合有小孩子的家庭饲养。但仍需避免过度宠爱，并从小给予正确的教导，以免养成骄纵的性格。

相对于吉娃娃犬和博美犬，玛尔济斯犬是比较勇敢而不会过分敏感的犬种，也因此它们不会特别用吠叫来壮胆，算是情绪表现不太强烈的一种小型犬。

饲养与照顾

玛尔济斯犬的寿命为 10~14 岁。它们的体形娇小，携带方便，而且几乎没有体味。同时它们也不需要太多的运动，因此很适合居住在都市。它们属于长毛的犬种，因此被毛的照顾需特别留意。毛质如蚕丝般柔细，很容易打结，需要天天维护整理。此外，潮湿闷热的环境，也容易引起湿疹或霉菌的问题，需要注意居住环境的干燥和通风，也可以在洗澡时添加除霉菌的洗毛液帮它做好防护。

此外，玛尔济斯犬的眼泪问题，也常让饲主感到困扰。泪水中的盐分与白色的毛发氧化后，会形成红红黑黑的颜色，尤其是雪白的毛色让它们的眼泪更加明显。因此平时要用专用清洁液擦拭眼屎囤积的部位，并在每天睡前用手指肚轻轻帮它按摩，能改善泪腺的问题。吃完东西和喝完水之后，也要记得帮它们清洁嘴巴，可以减缓嘴边的毛发氧化变色的情况。

中国冠毛犬
Chinese Crested Dog

中国冠毛犬分为无毛及有毛两个犬种，在此介绍的是无毛犬种。中国冠毛犬古老而神秘的血统来源，更为它们添加了特殊的魅力。中国冠毛犬个性活泼忠实、喜欢干净，懂得如何逗人开心，是非常有气质的玩赏犬，在国内数量非常少。

中国冠毛犬资料

体形：小型犬
身高：28~33 厘米
体重：3~5 千克
原产地：墨西哥或非洲
历史：起源于公元前 100 年，1985 年 AKC
　　　正式承认此犬种。
用途：玩赏犬
性格：忠实，温顺

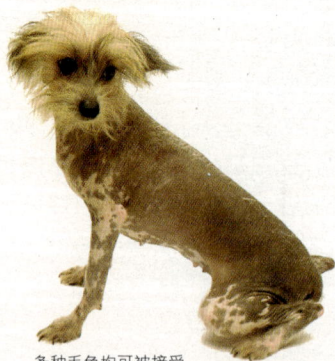

头顶、尾部和足趾间有少许柔软的装饰毛

多种毛色均可被接受

中国冠毛犬 Chinese Crested Dog

特征

1 头呈楔形，延伸至嘴呈锥形。

2 杏仁眼，两眼宽广。

3 耳大且宽，呈竖立状。

4 骨骼细致，外形高雅而优美。

5 大部分颜色为黄色与栗色，也有黑色。

6 无前臼齿。

7 颈部又细又长。

8 皮肤柔软而光滑，淋巴腺有汗腺。

9 四肢细而长。

10 头顶、尾部和足趾间有少许柔软的装饰毛。

起源与特色

　　中国冠毛犬的历史源起可追溯至1500年，当时西班牙人在墨西哥与美国中南部发现了中国冠毛犬的踪影。1700—1800年，英国、法国与葡萄牙探险家，从跟随探险家在非洲和亚洲旅行的传教士日记中也找到中国冠毛犬的记录。1800年底，女记者Garrett开始报道、培育和展出中国冠毛犬，并且持续了60年。1850—1860年在英国动物展展出，公布中国冠毛犬照片，但还没有育种的计划。1920年，Garrett与Woods共同合作推广中国冠毛犬。1930年，Woods将此犬种带入美国无毛犬俱乐部。

　　中国冠毛犬的来源并无明确资料，因为许多无毛的哺乳类动物都来自于非洲，动物学家因此将其归类为非洲犬种。中国冠毛犬虽然被命名为"中国"冠毛犬，实际上并不是产自中国的犬种，而这个名字的由来，只是因其头部的毛与造型和中国古代的一种帽子相似。

　　据称中国冠毛犬在好几个世纪之前，是由中国船夫所饲养的，当时船夫将此犬种当成商品在各个港口与人交易，据说当时中国冠毛犬身上带有中国瘟疫的病原，借着船夫的来往交易，也将这种起源于中国的瘟疫流传到其他国家。因为这种特殊的背景，当时中国冠毛犬在每个地区都有不同的名字，在非洲被称为"非洲无毛犬"，在埃及被称为"埃及无毛犬"。现在在世界各地的古老港口，大多还能发现中国冠毛犬的踪影。

　　中国冠毛犬的体形娇小，特殊的造型给人高雅的印象，骨架细而

> 幼犬断奶 10 天内可将离乳粉泡成液体状。接下来的 10 天将饲料打成小碎颗粒泡水给狗狗吃。最后 10 天，可将饲料不打碎，泡软直接让狗狗吃，让狗狗从液体食物进化至半固体,甚至固体食物。

优美，身上的皮肤细致柔软且具有汗腺，皮肤上的斑点分布是评判中国冠毛犬美感最重要的依据。

中国冠毛犬可区分为有毛与无毛两种。无毛的犬种全身唯有头顶、尾部和足趾间有少许柔软的装饰毛，身上没有毛，而且毛质较无毛犬种粗硬，淋巴腺会帮助无毛种类的狗排汗；有毛的犬种则全身覆盖着柔软的长毛，只能靠喘气来排汗。最特别的是，无毛型的中国冠毛犬皮肤受伤时的痊愈率比有毛的中国冠毛犬高出许多。中国冠毛犬毛色不一，其毛色与眼睛颜色相似，大部分为黄色与栗色。

性格与相处

中国冠毛犬的性格活泼且忠实，温顺和善，非常聪明，喜欢干净，又善于逗人开心，是很有气质的玩赏犬。

饲养与照顾

中国冠毛犬因为身体没有毛发保护，皮肤非常容易发炎受伤或过敏，特别是对羊毛过敏，需特别小心地保护皮肤。中国冠毛犬不需要大量的运动，出去散步或在室内走动就已足够。因为天生牙齿的缺陷（无前臼齿），因此影响进食所需要的咀嚼力量，必须喂食较软的食物。也许是牙齿与无毛特性的影响，此犬容易生病与掉牙，寿命通常只有8~12 年，是需要细心照料的犬种。

日本狆犬
Japanese Chin

日本狆犬充满东方味道，浑身上下散发着尊贵和聪明的气质，灵巧的大眼睛仿佛能读懂人心似的，一身长毛及延伸至背上的羽毛状尾巴，使它成为日本皇室的最爱。

日本狆犬资料

体形：小型犬

身高：20~28 厘米

体重：1.8~3.2 千克

原产地：中国

历史：起源于8世纪，1888 年 AKC 正式
        认可此犬种。

用途：皇室玩赏犬

性格：聪明、和善

别名：日本猎犬（Japanese Spaniel）、
        狆犬（Chin）

柠檬色与白色犬种模样

常被误认为是黑白色的蝴蝶犬

日本狆犬 Japanese Chin

特征

1 圆头形，长耳朵。

2 扇形白头花。

3 毛质软，长及地且无体味。

4 自然上扬的羽毛尾。

5 扁鼻，下巴啮合正确。

6 白领巾。

7 毛色大多为黑与白双色，也有红与白的搭配。

8 饰毛足。

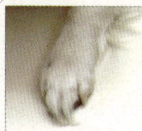

9 后肢饰毛。

起源与特色

日本狆犬是一种相当古老的玩具犬，在中国古老的寺庙建筑、陶器或刺绣上，可看见类似日本狆犬的踪迹。它和西施犬、巴哥犬及北京犬等扁脸的小型犬种一样，都来自于中国。据说日本狆犬的祖先是西藏小型犬，也承袭了西藏长耳猎犬及北京犬的血统。

几个世纪前，中国皇室赠送了一对日本狆犬给日本皇室，从此它们被日本皇族作为珍贵的宝物，犬种也同时被保存繁衍下去，日本狆犬至此一直被当成珍贵的皇室礼物赠送给对日本朝廷有贡献的大臣和外国人，成为日本天皇相当宠爱的犬种。据说日本狆犬还曾于1781年在江户时代被天皇赐予第六品位（贵族的官职），受到相当尊贵的对待。

在19世纪时，日本狆犬开始被送到国外，不但接连出现在英、美市场，甚至经历过第一次世界大战之后，开始向世界各地流传。例如，英国、法国、澳洲和德国，这也让日本狆犬能够维持优良的水平继续保存下来。日本狆犬也是日本犬中最早得到国际地位的犬种。英国于1905年设立了日本狆犬俱乐部。

日本狆犬最特殊的地方在于它们带有浓厚东方味道的脸部，毛色黑白分明，色块区域清楚明显，额头到头顶中间通常为白色，而眼睛到耳朵呈大片黑色，左右毛色对称。属于扁脸、短鼻犬种，眼睛黑圆有神，定住不动时英气十足。长羽毛尾巴总是会翻起到背部。

日本狆犬常被误认为是黑白色的蝴蝶犬或黑白色的长毛吉娃娃犬，但差异在于蝴蝶犬是竖耳，日本狆犬是垂耳。

> 幼犬出生后至还没断奶以前，除了本身自体免疫以外，还可以从母体（母犬的奶水中）获取抵抗力，但这种抵抗力将会在离开母体且断奶的状况下逐渐消失。

性格与相处

个性上，日本狆犬属于少数"不多话"的犬种，除了不带有神经质的紧张个性，对于任何来访的陌生人或其他犬种也都相当和善。

日本狆犬也是一种相当聪明灵巧的犬种，它们与人相处沟通时绝不会有问题，在行动上是很斯文的犬种，在思想上更是通灵性，也难怪它们能够被日本皇室所宠爱。

饲养与照顾

日本狆犬的许多特色均显现在被毛上，例如，它们根据气温高低可留长至及地的毛发和四肢饰毛的特征，都说明了此犬种需要经常性的毛发整理。因此经常梳毛和护毛是饲主绝对要做的功课。此外，日本狆犬具有难得的体味清新的优点，在饲养照顾上相当轻松容易。除了具有特色的被毛需要经常性的整理，细细的四肢和凸出的眼睛要小心避免因碰撞而受伤。除此之外，在饲养上几乎没有其他的问题。

布鲁塞尔葛林芬犬
Brussels Griffon

也有人称布鲁塞尔葛林芬犬为布鲁塞尔猴脸犬，它们长得其貌不扬，有一双灵活的凤眼。它们曾是比利时皇族最宠爱的玩赏犬，在国内属相当少见的犬种。

布鲁塞尔葛林芬犬资料

体形：小型犬

身高：20~25 厘米

体重：1.5~4.5 千克

原产地：比利时

历史：起源于 19 世纪，1910 年 AKC 正式认可此
　　　犬种。

用途：猎鼠

性格：敏锐、温和

别名：布鲁塞尔猴脸犬

担任捕鼠的任务

有一双灵活的凤眼

布鲁塞尔葛林芬犬Brussels Griffon

特征

1 方头形，平坦的头骨。

2 短竖耳。

3 短尾。

4 灵活的凤眼。

5 扁鼻。浓而密的唇髭。

6 毛色有深金黄色、浅金黄色和黑金黄色。

7 刚毛，毛质略粗，鬈毛。

8 四肢细长。

Chapter 2

起源与特色

　　布鲁塞尔葛林芬犬的原产地在比利时，属于玩赏犬的一种，由于性情温驯服从，深受比利时皇族的宠爱。1880 年，据传它与巴哥犬交配后，繁衍出与巴哥犬极为相似的外形，如扁鼻的特征。19 世纪时，布鲁塞尔葛林芬犬还担任起在马舍中捕老鼠的任务。它不仅是比利时皇族的最爱，也深受一般老百姓的青睐，在当时，是极受宠爱的玩赏犬代表。

　　布鲁塞尔葛林芬犬在美国及英国属同一个犬种，并无区分，只有短毛和长毛差异，外形上也并无不同。但布鲁塞尔葛林芬犬在欧洲分为三种，布鲁塞尔葛林芬犬毛色呈金黄色，毛质略粗、浓密而带鬈，有深金黄色及浅金黄色，而在国外可以看到全黑毛色的为比利时葛林芬犬，此两种皆为长毛；还有一种短毛的，为佩蒂巴巴札犬。

　　在北美洲一带，饲主会在布鲁塞尔葛林芬犬 3 个月左右将耳朵剪去一角，让耳朵竖立，而尾巴也会剪短，让它们看起来更加伶俐精巧。

　　在体形上分为两种，大型的为 3.4~4.5 千克，小型的则为 1.4~3.2千克。大、小型可混合配种并无限制。一般外观上体形方正、活泼且充满警觉。

每天梳毛时，可顺便检查狗狗身上有没有虫蚤，每7~10天进行一次的洗澡时间，也是检查的好时机。细心检查，狗狗就不会受到虫蚤的侵袭。

性格与相处

布鲁塞尔葛林芬犬聪明且敏锐，拥有强健但短小的身躯，看起来很聪明，以拥有似人的脸庞而著称，因此在外形上常常可以吸引人们的目光。其个性活泼温驯，服从性高，容易训练，因此是相当优秀的家庭伴侣犬。

饲养与照顾

长毛的布鲁塞尔葛林芬犬每年要拔光被毛两次，而短毛的葛林芬犬要用刷子来保养被毛。此外，当炎热的夏季来临时，除了为狗狗剃毛，减少皮肤病出现外，室内的温度最好保持在22℃左右。如果不能全天开空调保持温度，室内也应该装电风扇散热。

一般而言，短吻犬比较容易出现呼吸道的问题，布鲁塞尔葛林芬犬以扁鼻著称的脸形，在饲养时饲主要多留意呼吸道方面的疾病。

比熊犬
Bichon Frise

比熊犬以圆著名，头形圆，眼睛圆，整个身体也是圆的，全身的鬈毛浓密且长，头上的白色鬈毛像棉花般松松地盖着，像个白色小圆球。它们曾是欧洲最受贵妇欢迎的犬种，个性友善积极，比其他的玩赏犬更结实、活泼和顽皮。

比熊犬资料

体形：小型犬

身高：23~30 厘米

体重：3~6 千克

原产地：地中海地区

历史：起源于 15 世纪，1971 年 AKC 正式认可此犬种。

用途：贵族玩赏犬

性格：友善、积极

别名：特内裹费犬（Tenerife Dog）

美容修剪，以突出圆脸的造型

5 个月左右的模样

比熊犬 Bichon Frise

特征

1 小而精致的耳朵。

2 口吻与头部的比例为 3∶5。

3 眼圆，呈黑或咖啡色。

4 尾巴卷曲盖住背部。

5 黑鼻。

6 毛色有白色、乳黄色和杏仁色。

7 全身被毛蓬松，绒状螺旋形鬈毛。

8 紧密的圆足。

起源与特色

　　如今所见的比熊犬是经过几世纪的定种改良而成的，它的祖先具有水猎犬及一种名为Barbet古老犬种的血统。最初比熊犬分为马尔他比熊犬、波隆那比熊犬、比熊哈瓦拉犬和比熊特纳利夫犬等4个源自地中海区域的类别。

　　比熊犬被认为是法国犬种，但真正的起源不详，有一种说法是14世纪时，水手将它从加那利群岛的特那利夫岛带到地中海来的，因为它与玛尔济斯犬相似，说明两犬种具有相同的祖先；另一种说法是在文艺复兴时代，由船员带到意大利，受到意大利贵族的喜爱，毛被剪成如同狮子的鬃毛一般。后来被法国及西班牙的贵族及王室饲养，得到贵族般的礼遇。甚至也有它们来自中东的说法。

　　早期比熊犬在西班牙已广泛得到人们的宠爱，由于亨利三世对比熊犬极为钟爱，更令它得到众人的欢迎，可惜拿破仑三世掌政当朝后，比熊犬的命运亦随之改写。比熊犬由昔日的浪漫尊贵形象，变成极为普通的街犬，以辅助盲人或在马戏团表演杂耍为生。

　　直到第一次世界大战结束之后，1933年法国正式认可比熊犬的犬种标准，并且将比熊犬统称为"Bichon Frise"，因"Frise"在法语中有"身披卷曲、柔软被毛的犬种"的含意，与比熊犬的毛质状态相当吻合。

　　比熊犬于1956年"移民"至美国，经过15年的栽培繁殖，在1971年9月1日，美国AKC将其编入正式会籍，至1973年4月4日被界定为非运动犬组之一。

狗狗45天大时，应带它去动物医院注射疫苗。这是小狗狗一生中接受的第一次疫苗，在注射疫苗之前，动物医师会建议饲主不要带着狗狗外出玩耍。

Bichon 是"可爱"的意思，Frise 是"鬈毛"的意思，用来形容比熊犬的可爱正合适。它头形圆，眼睛也很圆，给人以机警灵敏的感觉；尾巴向上卷到背部，整个身体是圆的，全身的鬈毛浓密且长，头上白色鬈毛像棉花般松松地盖着，有"小羊犬"的别称。

性格与相处

比熊犬的祖先曾在马戏团中担任表演的工作，由此可知比熊犬天资聪敏，而现在的比熊犬仍保存着聪明的头脑及灵活的身手，饲主不用花太多时间，便可以训练它成为出色的表演者。

由于现代比熊犬已转为人们的宠物，所以个性相当敏感，体形虽小却很凶，但适应力强，故在尽可能的情况下，应多关心陪伴，好好饲养照顾它们。

饲养与照顾

比熊犬以双层被毛形成的蓬松状外形而著名，毛质细长而卷曲，如丝缎般柔软，却属于不易掉毛的犬种，身形小巧的茸茸鬈毛虽是它的可爱之处，若饲主无法为它每天梳理的话，会因为缺乏梳毛整理而令这些可爱的小毛球纠缠成结，变得一团糟。因此为了保持比熊犬的特殊造型，大约每两个月就要定期美容整理。

此外，比熊犬易生牙垢，牙龈又易受感染，所以需要特别护理。虽然很多白毛的犬种易患有慢性皮肤疾病，但比熊犬却没有皮肤敏感的问题。

西施犬
Shih Tzu

　　西施犬眼大而凸出，拥有浓密的被毛和丰富的表情，它们永远开开心心，活泼、外向且温柔体贴，再加上体形娇小，很信任人，非常适合养在家中，城市的公寓空间与环境条件就足以适养，因此在国内一直拥有很高的人气。

西施犬资料

体形：小型犬

身高：24~27 厘米

体重：4~8 千克

原产地：中国

历史：起源于 17 世纪，1958 年传入
　　　美国，1969 年 AKC 正式认可
　　　此犬种。

用途：中国宫廷犬

性格：活泼、温和

别名：菊花犬（Chrysanthemum
　　　Dog）

公犬 1 岁的模样

成犬的模样

幼犬的模样

西施犬 Shih Tzu

特征

1 圆头形。嘴短，脸紧缩。眼睛大而圆，四周有花纹。

2 鼻呈黑色。

3 毛色有多种，黑白色，灰白色，深褐色、浅褐色、墨绿色和浅黄色。

4 尾巴高高向上翘起，且毛呈散开状。

5 长耳，下垂，被毛遮盖。

6 四肢短。

7 双层毛，丰富的波浪状外层毛及细密生长的里毛。

起源与特色

　　西施犬是来自中国的犬种，长相与拉萨犬、西藏猎犬及北京犬很相似。有一种说法为，西施犬的祖先来自于西藏，在西藏的壁画里可以发现西施犬祖先的踪迹，据说它们被当做西藏贵族与喇嘛的除魔犬，这或许和它们长得像狮子有关。西施犬在中国被视为珍贵的宝贝，经常被当做馈赠的礼物，是中国皇室相当喜爱的犬种，因为其外形很像中国的吉祥物狮子，所以又名"狮子狗"。于19世纪30年代被带往英国，从此流传开来。

　　也许因为它来自中国古代的宫廷，因此造就了西施犬优雅的风度与体态，甚至带点骄傲的神情，当它走路的时候，头总是抬得高高的，尾巴也翘在背上。它们的眼睛有一点凸出，这也是它们的特色之一，另外眼睛四周常有咖啡色或黑色毛，就像带着眼罩一般。

　　外形和中国吉祥物狮子神似的西施犬，最可爱的时期就是2~3个月大的时候。它们脸部口吻周围的毛发会呈菊花花瓣的形状，以鼻端为中心呈辐射状散开，因此，也有"菊脸犬"的称号。另外，有些饲主喜欢将西施犬头顶的几撮短毛束起来，看上去很像是一朵花，模样逗趣十足，讨人喜爱。

性格与相处

　　在过去，西施犬是由中国皇室贵族饲养的，所以其个性也很传统，算是不太喜欢吠叫的小型犬种，很适合养在公寓里。与儿童相处融洽，不用担心它们会欺负小孩子，反而要担心小孩子欺负西施犬。因为它健康良好的狗狗试吃不同品牌的饲料时，饲主可从狗狗的食欲及排便状况来观察，找出最适合的品牌。如果狗狗有过敏、肥胖及肾脏等问题，就需请动物医师推荐专业处方饲料。

们的体形和身高使它们在玩耍互动中处于劣势，而且个性又温和，很容易被小朋友欺负。

或许是天生的贵族气息，它们不会过度黏着饲主，当饲主在做自己的事情时，它们不会去打扰，很愿意在一旁自得其乐，对于饲主的生活可以很好地配合。

饲养与照顾

西施犬的个性温和，非常容易相处。不过它们的健康状况就没有那么多优势。许多人之所以会弃养西施犬也是因为健康的问题，它们的天生好发疾病较多，包括眼睛、皮肤、关节及呼吸道问题等，种种因素造成饲养西施犬上的不方便，除非饲主愿意而且有能力给予充分的照顾，否则建议不要轻易饲养。

西施犬的运动量需求不大，并不需要特地陪它们外出消耗体力。它们的被毛每天至少需要梳理1小时，很多饲主会在西施犬的额头上绑一根小辫子或干脆将脸毛都剪短，免得它们不舒服。

西施犬的皮肤比较脆弱，夏天容易出现湿疹，尽量加强居住环境的除湿，而冬天太干燥也会出现小疹子，因此环境的调节相对重要。另外，因为西施犬为凸眼犬种，要注意青光眼和眼球脱垂等眼部疾病；天生气管塌陷问题容易造成心脏病，饲主要特别学习会施行心肺复苏术，以便及时照顾。而椎间盘相关症状等好发问题也是西施犬的天生弱点，需要饲主特别注意。

Chapter 2

玩具贵宾犬
Toy Poodle

　　玩具贵宾犬全身有像绒毛玩具般的鬈毛，聪明、温和且充满活力，并可变换各种造型，种种优点集合之下，让贵宾犬持续地受到人们喜爱，近年来人气指数及名贵指数节节升高，可说是红遍国内大街小巷的知名犬种。

玩具贵宾犬资料

体形：小型犬
身高：28 厘米以下
体重：2~4 千克
原产地：法国
历史：起源于 15 世纪，1887 年 AKC
　　　正式认可贵宾犬种。
用途：玩赏犬
性格：忠诚、聪明、爱交朋友

俗称泰迪熊贵宾的红色玩具贵宾犬

肩高不超过 20 厘米的茶杯贵宾犬公犬 13 个月的模样

有多种毛色

特征 玩具贵宾犬 Toy Poodle

1 长头形,长而细小。

2 深褐色的眼睛。

3 长耳,下垂至脸庞。

4 尾巴翘起。

5 浓密的毛层,呈卷曲状。

6 毛色有乳白色、蓝色、深褐色、黑色和灰色等。

7 椭圆形足。

93

起源与特色

根据较可信的说法，认为贵宾犬起源于亚洲草原，与日耳曼族哥德人生活在一起，之后与东哥德族迁移到西边，发展成"Pudel"（一种德国水猎犬），就是现代标准贵宾犬的原型。一般认为，它们与爱尔兰水猎犬、法国巴贝犬和匈牙利水猎犬是源自同一祖先。

玩具贵宾犬、迷你贵宾犬及标准贵宾犬的祖先几乎来源于同样的犬种，只是体形上不同，而用玩具、迷你和标准等名词来区分大小。标准型的贵宾犬原为水猎犬，贵宾犬的名字"Poodle"在德语里即为"水向四周泼溅"的意思。虽然大部分人认为贵宾犬源自法国，但"Poodle"一词却是来自德文"pudel"。目前德国人还是称它们为"Pudel"或水猎犬，法国人则昵称它们"Caniche"或"Duck Dog"，都是指"猎鸭犬"的意思。后来贵宾犬从德国引进法国，经过改良而变成现在的玩具贵宾犬，又被称为法国的国犬。

近年来还有一种肩高不超过20厘米的茶杯贵宾犬，体重最多2千克。在国外培育茶杯贵宾犬时，通常会观察它们在2~3个月时的生长变化，因为这个阶段是幼犬成长最快的时候，·如果体形变化很多就不能被称为茶杯贵宾犬。一般茶杯贵宾犬在3个月大时，体重不会超过1千克或身高不会高于15厘米。

贵宾犬曾出现在17世纪的欧洲油画中，这证明它们当时便已存在。在17~18世纪，它们也出现在许多的马戏团表演中，并在19世纪末期被带至美国。

狗狗如果因挑食而不吃饭，饲主就需给予训练。例如，将狗狗吃不完或不想吃的饲料在30分钟内收走，狗狗若饿了也只得等下一餐，渐渐就能改善其挑食的毛病。

　　它们的被毛为单层，毛色有黑、白、灰、红杏黄及咖啡色等，发质还有一点鬈，遇水之后可以一甩就干。而被称为"Teddy Poodle"的贵宾犬，其实只是颜色偏红的玩具贵宾犬，用不同于传统的造型方法，将嘴巴部分的毛留成圆球状，看起来就像一只活蹦乱跳的"泰迪熊"，因而得名。

性格与相处

　　贵宾犬很聪明，也很容易训练，而且体形小，体味不重，又不太掉毛，很适合居家饲养。它们对人相当友善，喜欢和饲主互动，会主动找人玩耍或趴在主人腿上要求抱抱，是家庭伴侣犬的好选择，也很适合作为小朋友的玩伴。从它们娇小的外形及总是被抱在饲主怀中的模样，很容易让人误会此犬种是弱不禁风的"贵妇犬"，但实际上贵宾犬相当活泼好动，也非常热情，爱交朋友。

饲养与照顾

　　贵宾犬是天生的自然鬈，需要天天梳理毛发，但因单层毛几乎不太掉毛，因此除了固定梳毛、剪毛及保持卫生美观之外，还算是蛮好照顾的犬种。泪痕会特别明显，饲主要经常帮狗狗清理，以免留下难以擦拭的痕迹。

　　此外贵宾犬虽然是小型犬，但是它们的个性活泼，记得每天要带它们运动1小时左右，以保持它们的身体健康和心情愉快。

迷你贵宾犬
Miniature Poodle

迷你贵宾犬体形界于玩具贵宾犬与标准贵宾犬之间，除了体形大小外，与贵宾犬外观没有其他差异。一身蓬松柔软的毛发、黑亮而温柔的眼睛，浓密粗糙的被毛，贵宾犬家族天生具有一种魅力能深深吸引住人们的眼光，这与它们得天独厚的高智商和喜爱人类的个性有极大的关系。

迷你贵宾犬资料

体形：小型犬

身高：28~38 厘米

体重：12~14 千克

原产地：德国

历史：起源于15世纪，1933年法国中央犬会承认此犬种。1971年AKC正式认可此犬种。

用途：猎取水鸟

性格：活泼、敏感

前肢笔直修长且平行

2 岁左右的模样

迷你贵宾犬Miniature Poodle

特征

1 长头形。

2 眼睛呈黑色，椭圆形。

3 耳朵长而宽，附有卷曲蓬松的饰毛。

4 浓密粗糙的被毛。

5 尾巴直立短翘，翘起后最高点与眼睛呈水平状态。

6 颈部比例较长，使头部位置提高。

7 胸部深且广，腰部短而宽。

8 前肢修长笔直，相互平行。

9 后肢股骨和胫骨等长，足跟短且直立。

10 足趾小而椭圆，悬蹄（指无机能的足趾）多已退化。

97

起源与特色

　　贵宾犬家族的演进史，相对其他的犬种来说是相当的迅速，家族成员包括标准贵宾犬、玩具贵宾犬及迷你贵宾犬，除了体形上的差异外，此三犬种完全遗传了贵宾犬特有的体态和性情。

　　贵宾犬最早的祖先据推估为栖息水边、善长捕捉湖畔鸭雁的水猎犬，但确切的历史过于悠久，起源的时间和地点都难以考究，但在许多自15世纪流传下来的欧洲文献和绘画中都已出现了贵宾犬的踪迹。它早期的身形接近于标准贵宾犬，被训练成为饲主猎鸭时的好帮手。到了16世纪发展出迷你型后，它们一举跻身法国社交界，成为贵妇们的新宠儿。之后更因迷你贵宾犬极高的智商和讨人喜爱的外形，成为马戏团里最受欢迎的天才演员。

　　从外观上，可以通过狗狗的身高（肩膀的最高点与地面的距离）快速辨别三种狗狗：超过38厘米的为标准贵宾犬，28~38厘米为迷你贵宾犬，28厘米以下的则是玩具贵宾犬。有趣的是，无论是什么体形的贵宾犬种，都会自然产生一种魅力，能深深吸引人们的眼光，这绝对与贵宾犬家族得天独厚的高智商和喜爱人类的个性有着极大的关系。

性格与相处

　　迷你贵宾犬十分聪明，它们懂得分辨饲主的情绪和场合，能够配合家人的不同喜好，展现它们安静乖巧或天真活泼的不同样貌。

选购项圈要注意材质，太粗糙、太硬或太软都不适合，太软狗狗易挣脱，太硬脖子会不舒服，内侧的材质最好够柔软，项圈外侧则需有坚韧的支撑。

与体形修长健美的标准贵宾犬及仅供赏玩的玩具贵宾犬相比较，体形适中的迷你贵宾犬才是最适合陪伴小朋友一起长大的好同伴。尽管大部分的迷你贵宾犬个性都相当亲近人，喜欢跟小孩子玩，但如同小朋友们之间玩耍游戏一样，也难免会有拿捏不好分寸的时候。所以若想让小孩与迷你贵宾犬一起玩耍，最好有大人陪伴在旁，一方面避免狗狗因过于兴奋扑倒小孩，另一方面也可以保护迷你贵宾犬不受小孩的恶意捉弄。

饲养与照顾

迷你贵宾犬的被毛十分浓密、粗糙，呈卷曲状，不会因为换季而脱毛，就算像抱玩具熊一样将它们抱在胸前，也不用担心会弄得满身毛，可以说是非常容易照顾的狗狗。

因为迷你贵宾犬体形娇小可爱，一些饲主常舍不得让它接触到一丝危险，但过度的保护反而让它失去适当的社会化机会和面对陌生环境的经验，使得它们聪明的小脑袋因为过度紧张和胆怯，反而表现出不友善的态度，甚至狂叫不已。所以，为了避免这种异常个性的出现，身为迷你贵宾犬的饲主，必须多花点时间和心力，让它进行正常的社交活动，也就是要多带它出去逛逛，让它有机会接触其他的人和事物。

Chapter 2

巴哥犬
Pug

  巴哥犬扁扁的脸和总是皱着眉的额头，即使是幼犬看起来也老气横秋，仿佛带着一身的忧郁。其实，在它早熟的外表下，巴哥犬的性格非常天真浪漫，而且装可爱的功夫一流，颇具感染力的天生喜剧演员表演效果，让人不自觉地跟着它快乐起来。

巴哥犬 Data

体形：小型犬

身高：25~28 厘米

体重：6~8.5 千克

原产地：中国

历史：起源于 16 世纪，1885 年 AKC 正
   式认可此犬种。

用途：玩赏犬

性格：温柔、忠诚

骨架结实强壮

2 岁左右的模样

100

巴哥犬Pug

特征

2 短耳，耳背为黑色。

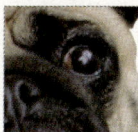

3 眼睛大且圆。

1 方头形。

4 结实方形的体格。

5 毛色有灰色和黑色。

6 卷曲的尾巴

7 脸部扁平，额头、脸颊和眼睛上都有皱褶。

8 鼻黑，扁平，嘴纹黑。

10 光滑柔软的短毛。

9 足爪为黑色。

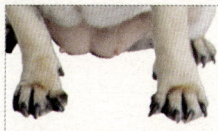

起源与特色

　　关于巴哥犬的由来有各种不同的说法，一种说法为巴哥犬的祖先是西藏牧羊犬，总之比较可信的说法是来自于中国，甚至是北京犬的短毛长腿版。据说早在17世纪以前，荷兰的商人就将其从中国输入到英国，此后英国的上流阶层就兴起饲养巴哥犬的风潮。因为其特色迷人，因此在16世纪的时候已经在欧洲相当出名，受到贵族们的喜爱，是最古老的犬种之一。

　　性格相当温厚的巴哥犬，最可爱的地方就是一张大黑脸，有些人觉得那张脸真的丑得不行，可是就有很多人迷上了那张黑扁脸，因此对巴哥犬念念不忘。不知道是有意还是无意，它们的脸上会经常摆出一副苦情的爆笑表情，常逗得饲主开怀大笑。巴哥犬的肌肉看起来总是紧绷的，很有健美好手的架势。可惜的是，巴哥犬的体形线条让它们只要稍微发胖一点，看起来就会比实际体重还要胖。

　　巴哥犬的标准体形从侧面看近似正方形，而且身体的每部分都对称。全身密布平滑柔顺的短毛，头部呈圆形，额头上有粗粗深深的皱纹，眼睛大而圆，嘴巴很短，上面有皱纹和黑色的"口罩"，尾巴在臀背上卷了两卷，有一对黑背的垂耳，小而薄。巴哥犬的耳朵有两种：玫瑰耳与纽扣耳。玫瑰耳覆盖服帖于头部；而纽扣耳则看起来类似于完整的三角形。耳朵的尖端最好与眼睛呈水平状态，巴哥犬的耳背必须是黑色的。

> 饲主如果真的希望让狗狗吃得好一点，丰富且有味道一点，狗罐头是最好的选择，千万不要拿人的食物让狗狗食用，对狗狗的身体有害。

性格与相处

巴哥犬的个性很温柔随和，对环境的适应力很强，个性大胆、聪明，而且记忆力强，饲养巴哥犬的人常会因为它们的优秀表现而感到沾沾自喜。但巴哥犬容易分心，所以外出时需注意用牵绳控制，以免发生危险。

此外，巴哥犬也相当善解人意，它们天真温柔的眼神，幽默的表情，总能让人忘却烦恼。

饲养与照顾

巴哥犬的鼻子短，呼吸较为不顺，若要带巴哥犬外出散步，不适合跑太久，以免发生气喘的现象。另外巴哥犬的呼吸声很大，而且身上有种体味，即使洗澡也很难盖过味道，饲养前饲主要有心理准备。此外，短鼻犬种的所有先天疾病问题都是饲养巴哥犬的饲主需要注意的。例如，呼吸道气管等问题。另外，巴哥犬属于比较贪吃的犬种，容易发胖，过胖除了无法维持它结实的体格外，对心脏和足部都会造成较大的负担。

巴哥犬也像斗牛犬一样特别怕热，要给予它们阴凉的处所歇息，也要给予充足的水分补给。巴哥犬虽是短毛，却比一般狗容易掉毛，所以需注意掉毛问题。此外，在潮湿炎热的夏天，它们容易起疹子，尤其是脸部皱褶处，需要特别注意。

日本狐狸犬
Japanese Spitz

　　日本狐狸犬奶黄色与纯白搭配的蓬松被毛、杏仁形水汪汪的大眼睛，仿佛雪地里一闪而过的小狐狸，探出头对着来人保持着好奇的观望。狐狸犬可分为芬兰狐狸犬和日本狐狸犬，后者是由前者改良而成，体形较小、毛色较浅，而国内目前可见的狐狸犬大多从日本引进。

日本狐狸犬资料

体形：小型犬

身高：25~35 厘米

体重：11~13 千克

原产地：日本

历史：起源于 19 世纪，1991 年 AKC 正
　　　式认可芬兰狐狸犬犬种标准。

用途：看门犬、玩赏犬

性格：活泼，略显神经质

改良后的体形较小，毛色以纯白为主

拥有蓬松的被毛，被昵称为"绒毛犬"

日本狐狸犬 Japanese Spitz

特征

2 耳朵呈三角形，打开直立时约在外眼角上方。

1 长头形，鼻梁挺直，前端较细。

3 颈部、胸部被长且蓬松的饰毛所掩盖，公犬饰毛较多，外观上看起来较短。

4 尾巴丰厚的毛卷至背部。

5 边缘黑色的杏仁形眼睛，眼尾微微上扬。

6 鼻头呈圆形、黑色，嘴唇呈黑色紧闭状。

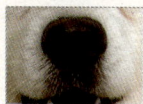

7 肘部平行紧靠身体。

8 长长的直毛，毛色以纯白为主。

9 足趾厚实近似圆形，并有丰富的饰毛。

起源与特色

狐狸犬起源自19世纪的芬兰，推估是由新石器时代的古老犬种和北极地区的雪橇犬混种繁衍而来的，因为其机灵活泼的个性，多被训练为猎鸟或小动物的猎犬，但也一度大量与其他犬种交叉配种，而使得原生犬种几乎绝迹。直到来自赫尔辛基的两个猎人在北方树林深处发现了纯种的狐狸犬，才再次让狐狸犬受到重视，1897年被正式命名为芬兰狐狸犬，而后远传西欧和美国等地。

"Spitz"是德语，为"尖锐之物"的意思，由此可知其外形特征，狐狸犬的鼻头和耳朵都是尖尖的。狐狸犬目前主要可分为芬兰狐狸犬和日本狐狸犬两种，后者是由前者改良而成，体形较小且毛色较浅，而国内目前可见的狐狸犬大多都是从日本引进的。

芬兰狐狸犬的毛色较深，长短毛交杂着红褐色和淡黄色，使其整体的颜色呈淡淡的咖啡色，但毛色会随着年龄的增长而渐渐变深。相比于此，于1924年和日本国内犬种改良出的日本狐狸犬多以白色为主，体形娇小，仍然保持原本方正的比例和卷曲丰厚的尾巴饰毛，故也被昵称为"绒毛狗"。日本曾一度非常流行饲养日本狐狸犬。

性格与相处

或许是遗传了日本犬忠心顾家的血统，日本狐狸犬的警觉性较高，对于陌生人会提高戒心，能够协助饲主担任守卫和看护的工作。日本狐狸犬虽对饲主很忠实，但因生性猜疑，喜欢吠叫，所以在日本培育

日本狐狸犬与芬兰狐狸犬的特征差异

犬种	日本狐狸犬	芬兰狐狸犬
原产地	日本	芬兰
体形	身高 25~35 厘米，体重 11~13 千克	身高 44~50 厘米，体重 15~20 千克
特征	眼睛大，耳朵直立且呈三角形，细小的鼻子，嘴尖，牙齿呈剪合式啮合，颈部有丰厚的毛，足圆，趾间有丰满的饰毛，尾巴有丰厚的毛卷至背部	被毛触感柔软，肩部外层毛较长且粗，羽状尾围绕臀部向前卷曲，强壮有力的前肢，体形方正，长宽比例为 1：1
功用	看门犬，玩赏犬	狩猎犬，看门犬
毛色	以纯白色为主	黄褐色

时多承担守卫的工作，据说在 20 世纪 40 年代，曾形成饲养的风潮，但后来因为其喜爱吠叫，所以渐渐不再受关注，后来经过改良后，成为较不爱吠叫的犬种。

因为它雪白如小狐狸的模样，不少日本贵妇将它宠溺为玩赏用的陪伴犬，但可别小看它强健的后肢和与生俱来就懂得的蹬跃式的跑法，跑起来的速度足可与一般大型犬相比。

日本狐狸犬的个性活泼开朗、胆大心细，对新鲜的事物虽很有尝试的勇气，但却懂得保持适当的安全距离。例如，散步时如果碰到深深浅浅的水洼，它们会轻巧地利用它们特有的跳跃式跑法，来避过每个可能会滑倒的水洼，非常机灵聪明。

饲养与照顾

日本狐狸犬体形小，容易饲养，因其是来自气候寒冷的狐狸犬种，饲主要每天替它梳理毛发，协助淘汰已经脱落的毛发，以免家中处处飘扬狐狸犬的毛发，也才能帮它维持一身蓬松毛茸茸的白毛。

此外，因为其脸部极易弄脏，所以需勤加清洁，才能维持狐狸犬娇美灵巧的模样。

骑士查理王猎犬
Cavalier King Charles Spaniel

　　骑士查理王猎犬天生散发着贵族的气息，不论是站立还是蹲坐，都自然展现雍容的姿态。大大的长耳朵，慧黠的眼睛，平坦的头骨搭配稍微外凸的眼睛是它的特征。

骑士查理王猎犬资料

体形：小型犬

身高：31~33 厘米

体重：5~8 千克

原产地：英国

历史：起源于 1920 年，1945 年由 KC 登记
　　　注册为独立犬种，1995 年 AKC 正式
　　　认可此犬种。

用途：玩赏犬

性格：和善、顺从

唯一以国王的名字来命名的犬种

四肢拥有飘逸的长毛

骑士查理王猎犬 Cavalier King Charles Spaniel

特征

1 长头形，头骨平坦。

2 眼睛外凸，眼眶深。

3 微凸的吻部。

4 耳朵被柔软的长毛披覆。

5 尾巴带有光滑如丝的长毛。

6 鼻孔稍微翘起。

7 柔软不卷曲的长毛。

8 四肢背侧有饰毛。

起源与特色

骑士查理王猎犬是在1920年由源自于15世纪"查理士王小猎犬"的培育者改良而成。而"查理士王小猎犬"原名为"长毛小猎犬"或"玩具小猎犬",因其在17世纪时深受英国国王查理二世的喜爱,故以英皇查理士"Charles"之名命名,从此改名叫"查理士王小猎犬",让它们也成为目前唯一以国王的名字来命名的犬种。

虽然冠有猎犬的名号,但它们却不需要狩猎,平日最重要的工作就是陪伴在饲主身边,替饲主分忧解劳。

它们天生散发着贵族的气息,不论是站立或蹲坐,都自然展现雍容的姿态,吸引周围人的目光。骑士查理王猎犬拥有一身长而柔软的披毛,最常见的配色是白底亮黄褐色的毛色,另外还有黑白色、赤茶色和宝石色等,其中以黑色品种最为珍贵。而大大的长耳朵,慧黠的眼睛,平坦的头骨搭配稍微外凸的眼睛它是最与众不同之处。

特别的是,骑士查理王猎犬的四肢及尾巴都被长毛所覆盖,奔跑时脚踝上飘逸的长毛是它们的特色。

性格与相处

身为玩赏犬的骑士查理王猎犬非常亲近人,也非常喜欢人们的抚摸与拥抱。无论何时将它们抱在怀中,它们都会表现出撒娇的一面,很适合饲养在公寓里,陪伴家中的老人及小孩,它们善良且喜欢撒娇的特质,总是能轻易征服全家人的心。

骑士查理王猎犬与查理士王小猎犬的特征差异

犬种	骑士查理王猎犬	查理士王小猎犬
被毛	不卷曲的被毛	卷曲的被毛
头骨	不拱起的平坦头骨	拱形的头骨
吻部	吻部较长	吻部较短
尾巴	没有断尾	断尾（也有没断尾的）

　　骑士查理王猎犬非常好动，身上像装了电池似地停不下来，建议每天带它们散步 20 分钟，以保持狗狗的身体健康。

饲养与照顾

　　骑士查理王猎犬天生就有心脏方面的遗传疾病，在幼犬时期要注意其是否出现心脏病（瓣膜闭锁不全）的症状。若是狗狗遗传了此种疾病，可能出现呼吸困难、贫血及陷入昏睡状态，因此饲主在狗狗的幼犬时期要多加留心注意。

　　由于骑士查理王猎犬的眼睛较外凸，所以饲主需要注意狗狗是否有眼睑内翻的症状出现，慢性的角膜炎若能在早期进行治疗，可以完全治愈。除此之外，眼睛方面的问题还要注意狗狗是否有严重流泪的情形，因为骑士查理王猎犬的眼睛周围常会带着深深的两道泪痕，需要很细心地帮它维持泪腺的清洁。

　　另外，因为它们的耳朵较长，若没有细心地帮它们清理耳朵，就容易患耳炎，使耳朵散发出难闻的气味，细心的饲主一定要记得常常帮狗狗清理耳朵。当然一身长毛的骑士查理王猎犬更需要饲主费心的照料与整理，才能展现它们最漂亮的姿态。

意大利灵猩
Italian Greyhound

意大利灵猩娇小的身形、简单的线条及短而服帖的被毛，深受意大利人的喜爱。它们经过几个世代的繁殖，演变成了现今迷你、尊贵的玩赏犬，是同时拥有野性与尊贵气质的犬种。

意大利灵猩资料

体形：中型犬

身高：33~38 厘米

体重：3~5 千克

原产地：意大利

历史：起源于公元前 500 年，1886 年 AKC 正
　　　式认可此犬种。

用途：玩赏犬

性格：友善、机警

拥有深而窄的胸部

母犬 2 岁时的模样

意大利灵缇Italian Greyhound

特征

1 长头形。

2 头骨是平的。

3 耳朵在头的后方，奔跑时耳朵会服帖在后。

4 被毛短密服帖且光滑。

5 拱形的背向后肢倾斜。

7 黑且圆的大眼睛。

9 毛色分为奶油、棕红、灰蓝和黑等，会有白色的色块。

8 四肢的骨架很细。

6 下垂的尾巴。

113

起源与特色

意大利灵猩是身材最娇小的猎犬，根据数据记载，它们源自于2000年前的希腊或土耳其地区。在古文明时期，它们曾经被记载在各式各样的艺术作品中，包括雕塑和绘画等。中古世纪出现在南欧地区，到了16世纪时，开始受到意大利人的喜爱，而当时的人们也特别喜爱身材较娇小的犬种，正因为如此，它们开始以"意大利灵猩"之名而流传开来。到了17世纪正式传入英国。

由于意大利灵猩走路时脚步抬得很高，有如在跳舞一般轻巧、迷人，因此在贵族中大受欢迎。最出名的故事就是有一位马塔贝勒的国王，因为意大利灵猩的走路姿势而深深着迷，因此向一位名为Murcombe Searelle的人表示，愿意支付200头牛来换取一只意大利灵猩，当时从来没有人支付那么高的价钱来买狗，因而引起人们热烈的讨论。

而意大利灵猩最受欢迎的年代，大概是在维多利亚时期。1886年时正式登录在美国AKC，同年也开始出现在犬展中，然而到了第一次世界大战爆发后，意大利灵猩在英国面临灭种的危机，之后从美国重新进口优良的犬种，才重新得以保存下来。

在意大利灵猩的血液中，有着奔跑的自然天性，因为当时人们的喜爱，经过培育筛选后，而有了现今娇小的体形。也因为它们的外形太迷你可爱，出现了两种意见不同的说法，有人认为它们的存在是为了追捕小型的猎物，而另一看法则认为它们只是单纯的伴侣和宠物。虽已无法考据得知意大利灵猩原始被繁衍的目的为何，事实上，在许多艺

> 更换饲料时需以渐进方式，从新旧饲料比例1：5开始，慢慢增加新饲料。以一星期为置换期最佳，切勿贸然更换饲料，否则易引起狗狗下痢和呕吐等问题。

术作品中它们的角色也的确只是单纯的玩赏犬。

此外，意大利灵缇的体重最轻为3千克，最重则可至6~7千克，但也有认为超过5千克就不能算是标准意大利灵缇，因此在体重上大多维持在4~5千克。它们的被毛短密且平滑，带有一些装饰的色块，体味淡，是非常适合居家饲养的宠物。较特别的是它的叫声偏向深沉，与一般小型犬的声音较为清亮不同。

性格与相处

意大利灵缇若与饲主的关系良好，就会变得十分的亲近人，同时对于饲主的亲朋好友也会十分友善，但对于不认识的陌生人，它们会懂得保持警戒，态度也会一反常态变得相当冷漠。它们的个性基本上是属于灵敏、机警和聪明的，适应能力也很强，即使饲主家中还有其他宠物或孩子，均可以相处愉快。

饲养与照顾

意大利灵缇十分聪颖，在训练及相处上都与人类相当合得来，但是奔跑的速度相当惊人，虽然体形娇小，但爆发力十足。因此饲主在带它们外出时，切记要拉好牵绳。

意大利灵缇常见的遗传性疾病包括视网膜持续性发育不全、膝盖骨的萎缩和甲状腺反常等。此外，特别的毛色犬种如灰蓝色等，也需注意是否有突变和掉毛的情形。

Chapter 3

猎犬群
Hunting Dogs

迷你腊肠犬、米格鲁猎犬、美国可卡猎犬、巴吉度猎犬、猎狐犬、科伦坡猎犬、惠比特犬、萨路基猎犬、阿富汗猎犬、拉不拉多拾猎犬、黄金拾猎犬、爱尔兰雪达犬、威玛猎犬和苏俄牧羊犬

认识猎犬

猎 犬是指协助人类打猎的犬种。世界上有许多满足不同打猎任务需求的犬种,在此介绍的猎犬包括:群体活动的兽猎犬及单独陪伴饲主工作的枪猎犬。

在早期,猎犬会利用天生所赋予的特质来找到猎物,进而与猎物纠缠(如米格鲁犬就是靠灵敏的嗅觉找到猎物);它们也会早饲主一步找到受伤的猎物,拾回给饲主。

以过去的猎犬而言,打猎的功能会大于陪伴饲主的功能,所以打猎的本领一定要好。甚至有很多猎犬被刻意培育出特有的打猎本能,成为今日所谓的猎犬,如美国猎狐犬和比利猎犬等。

猎犬的角色分类

每一种猎犬都有其不同的角色功能,就好像同样都是篮球队员,但是各司其职,有些人担任中锋位置,有些人适任后卫,每个位置都很重要。在早期,猎人会依据打猎的方式不同,需要不同的猎犬。以猎犬来说,它们也各自拥有特殊的功能,适合某种地形或某个打猎的情境;不论是水上或陆地,都需要不同的猎犬协助。

国际上将猎犬分为兽猎犬及枪猎犬两种,现就其特点详细介绍。

兽猎犬

主要特点:非单独出动工作,而是群体活动。

培育猎犬早期是作为打猎用，因此今天饲养猎犬给予它适度的运动是必要的。

个性特点： 有耐力且积极。

工作内容： 大部分兽猎犬某些共通的打猎能力都来自于相同的祖先。某些以使用与生俱来的敏锐嗅觉来追踪气味的遗迹或利用敏锐的视觉来搜捕猎物。

根据猎人的需求来培育符合需要的猎犬。

常见犬种： 米格鲁犬、巴吉度犬、腊肠犬和阿富汗猎犬等。

> **提示** 兽猎犬还可以分成嗅觉猎犬及视觉猎犬两大类。其中，以嗅觉猎犬的数量占大多数。

枪猎犬

主要特点： 单独陪伴饲主工作。

个性特质： 天生活跃且机警。具有敏感、顺从的个性，而且很聪明。

工作内容： 可以从犬种的名称中判断它们的工作内容，包括所谓的指示犬、拾猎犬和蹲猎犬等。枪猎犬会做的事很多，各有特色。例如，追踪猎物、为猎人指示猎物目标及叼回饲主击中的猎物等。

常见犬种： 拉不拉多拾猎犬、黄金拾猎犬、可卡猎犬、爱尔兰雪达犬和波音达猎犬等。

> **提示** 因为枪猎犬具有良好的伴侣功能，甚至后来演变出其他的服务项目。譬如，导盲犬当然需要良好的伴侣能力，而这个时候顺从的枪猎犬就相当合适。所以在美国畜犬协会（AKC）的犬种分类中，没有"Gun Dog（枪猎犬）"这个项目，而用"Sporting Group（运动犬群）"比较广义的功能来解释枪猎犬。

猎犬的体形特征

即使猎犬的体形大小不一，但打猎时，就会有某些很强烈的动作出现在猎犬身上，这是猎犬共有的行为特征。

嗅觉猎犬爱东闻西闻

所有嗅觉灵敏的猎犬都较难训练，国内最知名的嗅觉猎犬就是米格鲁犬，米格鲁犬最常见的状况就是东闻西闻。因此，嗅觉猎犬中不会有扁鼻犬种，因为鼻子越长的犬种嗅觉越好。在很多国际机场中，常会发现作为检疫犬的米格鲁，借助它们的灵敏嗅觉，帮助海关人员找出违禁的物品。

视觉猎犬因四周动静而分心

视觉猎犬通常体形都较细长，四肢细细的，骨架即使大，体重也绝对不重。同时它们的胸部明显比腰部宽阔，为的是容纳更大的肺活量，以上的体形特征是为了要有快速移动的能力。它们的脸形通常都是细长的，可以让视野更加宽广，视线甚至可以达到它们身后的部分区域。因为视域较宽广，可有效利用视力来观察猎物。

嗜水猎犬爱玩水且泳技一流

狗狗是否爱玩水，与是否出身于善于游泳的犬种有很大的关系。以拉不拉多拾猎犬为例，几乎没有不爱游泳的拉不拉多拾猎犬，这是因为它们的祖先是加拿大纽芬兰犬，本来就是帮渔民捕鱼的水猎犬种，因此，它们身上分泌油脂的毛发及粗厚的水獭尾巴，都是适合游水的最佳特性。

猎犬的饲育重点

　　猎犬拥有相当杰出的捕猎技能和与人类良好的互动，也因此，猎犬能够在捕猎的工作需求降低之后，继续存在于人类的家庭生活当中。不过某些猎犬固然天性是友善的，但是因为体形大，精力又出奇地旺盛，如果没有给予适当的引导，实在不适合一般家庭饲养。

　　因此，在决定饲养猎犬前，请切记掌握两点原则。

先了解狗狗的个性再决定是否饲养

　　很多猎犬如黄金拾猎犬或拉不拉多拾猎犬，动辄体重达到30千克以上，饲主除了要照顾狗狗吃睡之外，运动量大的它们也需要饲主每天带出去活动，以消耗它们旺盛的精力，更要体谅它们无心的破坏，因此如果没有心理准备就饲养猎犬，未来有可能因无法负担而弃养。

用服从猎人的天性来教育

　　猎犬之所以会成为猎犬，身旁一定会有猎人，也就是它们的饲主，这是它们极欲讨好与追随的对象。猎犬不像㹴犬天生性格较自我，尤其枪猎犬几乎都很好训练。所以从养猎犬开始，跟随教育就是让狗狗对饲主绝对服从，饲主的地位要绝对比它高很多，不能有太多妥协或给狗狗予取予求的空间。若是初期的训练能严格执行，等到猎犬知道与饲主之间的主从关系后，在生活上极少出现行为上的问题。

迷你腊肠犬
Miniature Dachshund

　　迷你腊肠犬四肢特别短，身体特别长，不论是短毛、长毛或刚毛体形大致一样，也都拥有圆圆亮亮的清澈眼睛。在国外并未细分为腊肠或迷你腊肠犬种，国内目前流行的是长毛迷你腊肠犬种。

迷你腊肠犬资料

体形：小型犬

身高：13~27厘米

体重：4~5千克

原产国：德国

历史：起源于20世纪。刚毛迷你腊肠
　　　犬1959年在英国得到正式认可。
　　　在AKC登录的犬种中，并未细分
　　　出迷你腊肠犬。

用途：属兽猎犬（嗅觉猎犬），猎獾

性格：敏捷、机灵

2岁（左）/6岁（右）的模样

多种毛色的长毛迷你腊肠犬

短毛迷你腊肠犬

迷你腊肠犬Miniature Dachshund

特征

2 眼睛清澈而明亮。

3 双耳下垂且有毛覆盖。

1 长头形。

4 大嘴张开的宽度超过双眼的水平线。

5 身上的毛平直且长。

6 鼻头又黑又大。

7 脖颈长。

9 躯干长，肌肉发达，脊椎不能弯曲。

8 前肢上的毛不多。

10 四肢短小，后肢比前肢小。

起源与特色

　　腊肠犬原产于德国，在 12 — 13 世纪时，从体形比较大的标准腊肠犬改良成为体形娇小的迷你腊肠犬，属于泰克尔犬的后代。原是作为狩猎用的狗狗，可以猎一些体形较小的动物，如兔子和獾等。腊肠犬的英文名称为"Dachshund"，翻译成德文就是獾犬，因为它们会猎獾，体形也像獾，故得其名。短毛品种的历史比较悠久，长毛的则是近二三十年才发展出的犬种。

　　在外形上，短毛腊肠犬的毛比较粗硬，颜色只有红、黑和巧克力三色。长毛腊肠犬的毛既长又蓬松，毛色也很丰富，可粗分成奶油、巧克力、黑、红、大理石花及巧克力花 6 种。刚毛迷你腊肠犬则有粗糙且长度一样的刚毛遍布全身。

　　幼犬小时候以鼻头一定要黑，足掌也要黑（除了巧克力色以外），牙齿啮合正确的犬种为优。

　　迷你腊肠犬最大的特色就在于它们特别短的四肢和长长的身体，无论是长毛、短毛或刚毛腊肠犬，体形都大致一样。短毛迷你腊肠犬被毛短、浓密且紧贴在身体上，有着宽且能动的耳朵，侧面看有凹处且突出的胸骨及具有弧形足趾的宽阔前足。

性格与相处

　　迷你腊肠犬的眼睛很有灵性，黑黑圆圆的看似无辜，个性却相当自信，见到体形较大的狗也毫无畏惧，是体形虽小，但却勇敢的犬种。

幼犬变成犬，食量会变大，但若经过结扎则需减少1/5~1/4的量。狗屋需更换成较大尺寸，也别忘了定期带狗狗去注射预防疫苗，定期驱虫除蚤。

迷你腊肠犬很会吃醋，在饲主靠近的时候它们会一拥而上，机灵地用嘴巴和前肢推开其他的狗狗，希望获得饲主唯一的拥抱。如果饲主放其他狗狗出来，却没放它，它会立即哀鸣给饲主听，以表示不满。它希望和其他的狗狗同进同出，吃饭和洗澡都喜欢在一起，毫无想要做狗老大的欲望，但倒是挺会争宠的，是个很懂得察言观色的犬种。

迷你腊肠犬非常喜欢小孩子，小孩身高不高，和它们短短的四肢很相称，不会有压迫感，或许这就是迷你腊肠犬和小孩彼此喜爱的主要原因。

饲养与照顾

迷你腊肠犬特别适合饲养在城市中，它们在家安静，在外热情，又不用担心公寓活动空间不足，而且体味比其他犬种淡。幼犬要从3个月开始训练，每当吃饭的时候就是最佳的训练时机，每天带它们出去活动0.5~1小时，运动量就足够了，过多反而不好。

因为体形的关系，经常爬上爬下的动作会将压力施于腰部，让腊肠犬特别容易出现椎间盘突出的问题，造成狗狗尚未衰老就行动不便。切忌不能让它们太胖，也不要让它们从高处往下跳或上下楼梯，才能保护腊肠犬腰椎的健康。患先天性心脏病时，狗狗会出现体力下降、昏厥和癫痫等症状，要定期做心电图检查。

此外，在潮湿闷热的环境中，腊肠犬容易有皮肤霉菌的困扰，保持干燥和注意清洁相当重要。

米格鲁猎犬
Beagle

米格鲁犬是体形最小的嗅觉猎犬。大耳朵，身上的黄、白、黑三色或黄、白两色，白鼻心、白脖子、四只白脚及白尾端的所谓"七点白"标准和翘起的尾巴，都是它们外形的特点。

米格鲁猎犬资料

体形：中型犬

身高：33~41厘米

体重：8~14千克

原产国：英国

历史：起源于 14 世纪，1885 年 AKC 正式认可此犬种标准，1895 年英国米格鲁猎犬俱乐部成立。

用途：属兽猎犬（嗅觉猎犬），猎野兔

性格：不拘小节、好动

别名：小猎兔犬、英国猎兔犬（English Beagle）

2 个月左右的模样

"七点白"是其最大特征

米格鲁猎犬Beagle
特征

1 圆头形。

2 眼睛远看好像有一圈粗粗的黑眼眶。

4 尾巴高高翘起，偏粗。

3 下垂的大耳。

5 滑顺的短毛。

6 毛色只有黄、白、黑三色或黄、白两色。

7 厚厚的足垫。

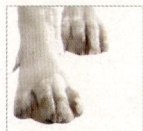

8 七点白包括白鼻心、白脖子、四肢及尾巴的白末端。

127

起源与特色

米格鲁犬起源于大不列颠，并以猎兔的追踪小游戏而得名，被当做猎犬而遍布英国各地。在15—16世纪，固定为与现代体形相似的犬种，18世纪才改良为现代的米格鲁犬。

米格鲁犬用于狩猎野兔等小形野兽。虽然源自英国，但是国内大部分的米格鲁犬都属于日本系，以肩高38厘米为主流，比起英系的33厘米壮硕许多。其嗅觉敏锐，猎人利用它们的鼻子来找寻猎物，听见它们高亢的叫声，猎人就知道它们已找到猎物了。

它们是体形最小的嗅觉猎犬。米格鲁犬的外形特征都很接近，远远看去不太容易分辨出每只狗狗的差异。

叫声是米格鲁犬的另一特点。米格鲁犬就是利用叫声告诉猎人它们发现猎物了，它们的声音高亢响亮，而且越多米格鲁同伴就叫得越厉害。米格鲁犬的吠声比其他猎犬高亢，故被称为"森林之铃"，也有"草原上的声乐家"之称。

米格鲁犬因为体形适中，犬种个体差异小，因此在国内外的医学、食品和药物研究方面，都是以米格鲁犬为动物实验的对象，由此可见米格鲁犬种的水平相当稳定。

性格与相处

米格鲁犬的好奇心很重，它们跟小朋友相处得非常融洽，完全不具攻击性。个性上相当不拘小节，好动且爱跑跳。

干狗粮的营养成分经过精密计算，能够充分满足狗狗需要。如果觉得狗狗过于瘦小，可能是因本身体质、遗传关系或吃饭时会被其他狗狗分食所致。

它们非常需要一个能一起玩耍的同伴。如果饲主没有时间陪伴它的话，它就会转而开始破坏家中的器具。而且，它们不像其他的犬种，到了一定的年纪就会性情稳定下来，米格鲁犬有可能到了7岁都还是一副调皮静不下来的模样。米格鲁犬的疯狂与旺盛精力，其实与它们狩猎的本性有关。

米格鲁犬是最佳的警戒犬和搜寻犬，若门外或窗外有什么风吹草动，绝对会吸引它们"引吭高歌"，这和过去它们打猎时，作为指示犬发现猎物所在位置时呼朋引伴的功能有关。

所以除了出门在外要小心拉好牵绳外，想要和这种精力旺盛的犬种和睦相处，就得从小训练。虽然它们并不易训练，不过只要方法得当，米格鲁犬也是相当好的家庭犬。

饲养与照顾

米格鲁犬的被毛短，容易照顾，但是好动的个性常让饲主不知该如何驾驭，此外它们的叫声宏亮，也会打扰邻居。饲养前应充分了解与考虑，并尽早给予服从训练，才能控制狗狗的状况。因为它属于精力旺盛的犬种，最好每天都可以带出去运动，让它们不至于过于焦躁。

米格鲁犬属于垂耳类，比较容易有耳垢，这也是造成米格鲁犬体臭的原因。此外，炎热潮湿环境中的米格鲁犬容易出现湿疹问题，保持居家环境干燥就可以解决。

美国可卡猎犬
American Cocker Spaniel

　　美国可卡猎犬最让人印象深刻的就是它们飞扬的大耳朵和茸茸鬈鬈的被毛。因为其性情温和，对家人充满爱心和忠诚，所以很适合家庭饲养。

美国可卡猎犬资料

体形：中型犬

身高：36~38厘米

体重：11~13千克

原产地：美国

历史：起源于19世纪，1878年AKC正式认
　　　可此犬种。

用途：属枪猎犬，猎取小动物

性格：敏锐、忠诚

别名：可卡猎犬（Cocker Spaniel）

1岁左右的模样

黑色美国可卡犬不
可参杂其他斑纹

美国可卡猎犬 American Cocker Spaniel

特征

1 鼻黑，微凸。

2 圆头形。

3 丝状的平滑毛或波形毛。

4 毛色有黑、茶、红、奶油、黑与黄褐色、茶色与黄褐色，以及黑、白、黄褐色相间。

5 略长的吻部。

6 像叶片似的大长耳。

7 四肢及腹部上有装饰毛。

8 骨骼强健，后肢有力，圆而厚实的后足掌。

起源与特色

美国可卡猎犬起源于19世纪，是由英国可卡猎犬进一步培育而成的犬种，相较英国可卡犬而言，美国可卡猎犬体形较小，被毛也比较长。

可卡猎犬属于猎鹬鸟犬，善长跳起来惊吓鸟后并咬回它们。它也是世界上最小的陆上猎犬。据说1620年时，从英国开往美国移民的五月花号油轮上有两只长毛可卡猎犬，这就是首批进入美国的英国可卡猎犬。经美国饲育者改良后，培育出新的美国可卡猎犬。

美国可卡猎犬外形健壮，有清晰的鼻线，长方形的体格，截短的尾巴，厚实的足掌，长长的耳朵和长长的被毛，虽是经过人工培育而成，同样保持猎犬敏锐勤奋的性格。外形上有着明显的鬃毛，连耳朵上都有长长的鬃毛作装饰，就好像穿着一件蓬蓬裙在走路一般，相当引人注目。

毛色以黑色、黑白色、棕褐色和白色最为常见，若身上有斑点也在可接受的犬种标准范围内。但美国可卡单色猎犬对毛色的要求较高，若为黑色的被毛，则不可掺杂其他颜色的斑纹或斑块；若为花色被毛，斑纹或斑块面积不可少于被毛的10%。

> 1 岁之前的狗狗都算是幼犬，在这 1 年里，是教育训练及养成好习惯的黄金时期，如笼内训练及定点定时上厕所，效果都会比成犬以后训练更佳。

性格与相处

身为猎犬的美国可卡猎犬生性敏锐，活力旺盛，同时好奇心重，聪明机警。美国可卡猎犬性情很温和，对家人充满爱心和忠诚，虽然很适合家庭饲养，但因为它们即使遇到陌生人也不太吠叫，所以并不适合作为看门犬。

此外，因美国可卡猎犬需要给予较多的训练，所以较忙碌的家庭并不适合饲养此犬种。

饲养与照顾

美国可卡猎犬的骨骼强健，后肢强劲有力，非常活泼好动，运动量很大，因此饲养时尽可能提供一个可以随意活动的大空间，让它们可以恣意奔跑玩耍。同时，每日固定的散步运动也很重要。

美国可卡猎犬属于长毛的犬种，因此每日均需梳理，以免纠结成团。它有一对下垂的长耳朵，特别容易发炎或累积污垢而产生臭味，所以在替美国可卡犬洗澡时，需小心不要让水流进耳朵。此外，也要定时清理耳朵，若不知如何清理，可由动物医师或美容师来处理，否则很容易出现严重的体臭，让人却步。

巴吉度猎犬
Basset Hound

　　巴吉度猎犬非常短的四肢，超级浑圆的身材及又大又长几乎垂到地面的耳朵，是此犬种的三大特色。虽然它看起来慵懒，但打猎时的爆发力相当惊人，而且嗅觉的灵敏度也是犬种当中排名数一数二的，仅次于寻血猎犬。

巴吉度猎犬资料

体形：中型犬

身高：33~38 厘米

体重：18~27 千克

原产国：英国

历史：起源于 19 世纪，1885 年 AKC 正式
　　　认可此犬种。

用途：属兽猎犬（嗅觉猎犬），猎兔

性格：自我，观察敏锐

别名：巴色特猎犬

四肢短小

又大又长的耳朵垂在两侧

巴吉度猎犬 Basset Hound

特征

1 鼻子很大。

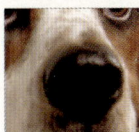

2 长头形，圆形的头顶。

3 耳朵超大超长，垂在脸部两侧。

4 毛质短而硬。

5 略弯的尾巴。

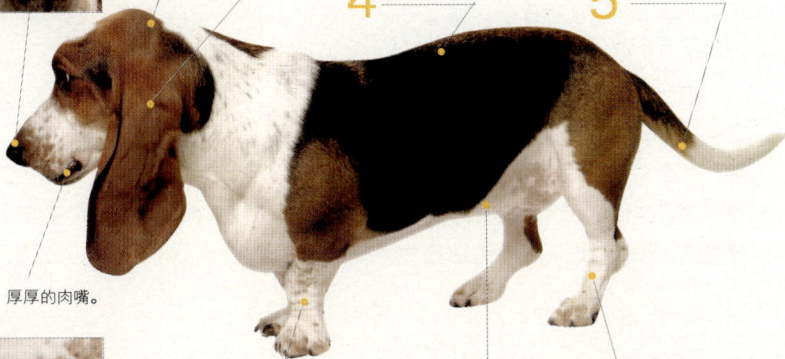

6 厚厚的肉嘴。

7 四肢很短。

8 毛色有白、黑、茶三色，以黑色和茶色为主，白色点缀为辅。

9 下肢有皱褶。

135

起源与特色

巴吉度猎犬原产地为英国，约在100年前由寻血猎犬及爱德华巴吉度犬交配而得。

巴吉度的英文名字为"basset hound"，其中，"bas"是从法文演变而来的，就是"矮小"的意思，这跟它们的体形刚好符合。这种身材适合它们在捕捉兔子时，将身体隐藏在草丛间，不会被猎物发现。毛短而质硬，花色有白、黑、茶三色，以黑色和茶色为主，白色点缀为辅。

体形比例相当特别，耳朵超大且相当长，甚至超过了前肢关节，据说幼犬有时还会因为踩到自己的耳朵而绊倒。它的四肢特别短且有皱褶，但是骨骼很结实，才2个月大的幼犬抱起来就很有分量。四肢虽然短、体形虽然壮硕，但并不会影响它们的移动速度，搭配它们敏锐的嗅觉，可以锲而不舍地追踪猎物而不会疲累。

性格与相处

巴吉度猎犬的性格相当自我，完全悠哉的个性，总喜欢照着自己的节奏行动，它们的观察力及嗅觉很敏锐，因此可以做出最正确的判断。正是因为巴吉度猎犬能够自己判断，有时候就决定了做自己想要做的事，算是很顽固的犬种。因此若要训练巴吉度猎犬，需要相当大的耐心及意志力。

另外，它们也有吠叫的问题，宏亮有力的叫声，有时会困扰饲主，

> 狗狗跟人一样，会出现便秘的状况。撇开因病造成的便秘不谈，很多是饮食内容造成的或平时摄取的水分太少，也有可能是吃了太多骨头类食品所致。

有意饲养者应在饲养前考虑清楚。

饲养与照顾

因为巴吉度猎犬是地道的猎犬，所以它每天都需要适当的运动，以消耗体力，减轻压力，否则肥胖的可能性相当大。但需避免过度跑跳，以免肥胖的身体与短腿对脊椎造成过大的压力。

它们很会吃，而且从幼犬到发育成成犬体形的阶段，它们的食量还有体形的增长速度都会让饲主感到吃惊，所以需注意过胖的问题。巴吉度猎犬的胃肠因体形比例而比较长，而它们又特别爱吃好动，容易在刚吃完饭后就又跑又跳，导致胃扭转，饲主需要特别小心。

因为巴吉度猎犬的耳朵过长，肉嘴过厚，喂食的时候，可准备长耳朵狗狗专用碗，吃完东西之后记得替它们擦嘴巴。另外，因为它们的皮肤比较敏感脆弱，故需保持居住环境的干燥、通风，避免过度洗澡，最好请动物医师开立配方洗毛液。给予一般饲料，切记别让狗狗乱吃，多晒太阳也可减低皮肤病缠身的概率。

此外，因为巴吉度猎犬的足掌肉垫过厚，无法通过走路磨趾甲，因此饲主要主动替狗狗定期修剪。

猎狐犬
Foxhound

英国猎狐犬属于群体打猎的犬种，耐力是培育的重点。体格结实且健壮，虽较难训练，但天生个性温顺脾气好，是极佳的护卫犬。喜欢群体行动，不喜欢独处。

猎狐犬资料

体形： 中型犬

身高： 38.5 厘米以下

体重： 25~34 千克

原产地： 英国

历史： 起源于 18 世纪，1909 年
AKC 正式认可此犬种。

用途： 属兽猎犬，猎狐

性格： 活泼、好动

别名： 英国猎狐犬（English Foxhound）

公犬 1 岁 8 个月的模样

喜欢群体行动，
一定要成双成对

猎狐犬 Foxhound

特征

2 耳根部较高，耳朵沿着两颊下垂。

3 眼睛大，呈浅褐色。

5 尾巴根部厚实，尖端较细，向上弯曲但不朝背上卷曲。

1 长头形，宽头骨。

4 被毛短，有光泽。

6 长而宽的鼻子，鼻孔敞开。

7 颈部长，由胸部到头骨均匀地逐渐变细。

8 胸部厚实，肌肉发达。

9 毛色黑白相间，掺杂浅褐色，每只狗的斑纹颜色差异极大。

10 四肢肌肉强健，笔直有力。

11 足趾呈圆弧状，近似猫足，趾尖隆起。

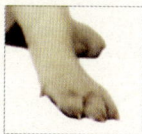

起源与特色

猎狐犬有两种，一种是美国猎狐犬，另一种为英国猎狐犬。美国猎狐犬是为了追求速度而培育的犬种，骨骼和重量都比英国猎狐犬轻，耳朵较小。而耐力则是英国猎狐犬的培育重点，体格结实且健壮。

英国猎狐犬的身高为58~69厘米，体重为25~34千克。但有些培育者则认为，英国猎狐犬应当看来更雄壮一点，于是在比赛场上就出现了另一种形态的英国猎狐犬。公犬体重超过45千克，头形较宽，口吻较长，前后肢较为有力，眼神慑人，足趾呈圆弧状，近似猫爪。

猎狐犬的历史可追溯到13世纪，从英国有猎狐活动时开始。据说最早在1066年，法国诺曼底公爵威廉率军入侵英国时带来的。猎狐犬的血统被认为是由圣·修伯特猎犬（即寻血猎犬）培育而来。为了加快其速度，而与灵猩交配而来。

英国猎狐犬原属于群体打猎的犬种，它们具有强烈追逐与杀死跟狐一样大体形动物的本能，虽然它们较难训练，但天生个性近似绅士，温顺脾气好，训练后社会化良好，懂得社交礼仪，忍耐力强悍，是极佳的护卫犬。喜好群体行动的它们，若将其分开各自行动，它们将感到孤独且难以忍受。

就行为而言，狗狗在表达服从和尊敬时，最极端的表现就是少量排尿。母犬在个性上比公犬更容易屈服，所以因服从而排尿的行为也比较容易发生。

性格与相处

英国猎狐犬是好动的犬种，精力无限，虽然奔跑的速度较美国猎狐犬慢，但即使整天奔跑后却仅有短短的休息它们也可以忍受。它们充满活力，温顺、平易近人且性格开朗，但也具有天生强烈的反抗性格，必须严格加以训练。它们适合群体生活，不喜欢独处，其实并不适合作为家庭犬，尤其不适合在城市中饲养。因为它们精力旺盛，具有很强的破坏力，不易饲养成伴侣犬，这是饲主饲养前需要考虑的。

饲养与照顾

英国猎狐犬的平均寿命为11~13岁，此犬种要注意先天的髋关节发育障碍问题，部分犬只会有癫痫的遗传性疾病及肾脏方面的疾病。出生后一段时间，要记得进行健康筛检，也要定期梳毛。

活动力惊人的英国猎狐犬非常需要宽阔的草地或足够的空间让它们进行运动。若长期将它们关在笼内，也许会让它们产生破坏性的行为。长期的公寓生活似乎不适合英国猎狐犬，若能将它们饲养在郊区，对它们来说会是最佳的选择。

可伦坡猎犬
Clumber Spaniel

可伦坡猎犬宽大、方形的头骨，加上略下垂的眼睛，带点忧郁的气息，自古以来就是贵族们争相饲养的皇家犬种，它们动静皆宜的性格及与生俱来的王者风范，有"皇家御用猎犬"的封号。

可伦坡猎犬资料

体形：中型犬

身高：43~51 厘米

体重：25~39 千克

原产地：英国

历史：起源于 19 世纪，1878 年 AKC 正
　　　式认可此犬种。

用途：属枪猎犬，追踪、狩猎

性格：忠诚、沉稳

别名：克伦伯猎（鹬）犬

母犬 2 岁的模样

母犬 4 岁的模样

可伦坡猎犬 Clumber Spaniel

特征

2 长头形，方正厚实的头骨。

4 毛色大多呈白色，会夹杂一点柠檬色或橙色斑点。

1 略下垂的眼睛。

3 被毛属于中长毛。

5 小巧可爱的尾巴。

6 耳朵及口吻的位置较容易出现斑纹。

7 短直且有力的四肢。

起源与特色

可伦坡猎犬传说是1750年在一位诺艾利斯的法国公爵私人的犬舍里被发现的，但当时正逢法国大革命时期，诺艾利斯公爵为了保存此犬种的血统，因此将它们转送给当时在英国的朋友纽卡斯尔公爵，之后纽卡斯尔公爵便将这些狗饲养在雪伍德森林里的可伦坡公园里，这就是可伦坡猎犬名称的由来。

不过也有其他说法，认为诺艾利斯公爵的可伦坡猎犬原本就产自英国，而非在法国私人犬舍中发现的；少部分人则认为可伦坡猎犬的起源地是在西班牙。有关可伦坡猎犬的起源地众说纷纭，但目前在犬种的认定上还是以英国为主。

可伦坡猎犬的身形庞大，但却属于短肢一族，因此在血统的推断上，被认为有可能源自于早期欧洲的长耳猎犬或巴吉度与阿尔卑斯猎犬（已绝迹）。因此它们天生就具有狩猎的本性，尤其是追踪与捕捉飞禽走兽的能力尤佳，深受各地贵族们的喜爱，所以一直只流传于皇族之间的饲养，普通的平民根本无法接近这种犬种。据说连英国国王爱德华七世和乔治五世也为之倾倒。

目前由于可伦坡猎犬受到原产地英国的保护，因此要进口此犬种要依赖邻近的日本，但日本目前可伦坡猎犬的数量，也只维持在100多只左右，的确是十分稀少又珍贵的犬种。

可伦坡猎犬庞大的身躯，加上缓慢的步伐，总让人怀疑它们是否真的如猎犬一般具有狩猎和捕捉猎物的能力。其实它们的嗅觉敏锐，平直的前肢、强而有力的后肢及粗壮的骨架，都使它们在捕捉猎物时，显狗狗会在7~10个月龄逐渐性成熟，母犬会出现第一次发情，公犬也开始会抬腿尿尿，并且它们都会开始具备生殖能力。

得更有体力及耐力，可以深入茂密的草丛执行任务。此外，可伦坡猎犬的白色被毛也有助于饲主在狩猎过程中更容易掌握它们的行踪及搜捕的进度。

此外，在耳朵部分会呈柠檬色或橙色，在眼睛周围、脸部和口吻等处也会出现类似的柠檬色斑点，通常斑点越少就越受欢迎。可伦坡猎犬还有个可爱的特征，就是在靠近尾巴的部位通常会有一个斑点，为雪白的被毛增添一丝点缀的意味。

性格与相处

可伦坡猎犬的性格沉稳、不急躁，甚至有点慵懒，加上短肢型的体形构造，使得它们就连在狩猎的过程中，也属于较为安静的类型，是那种会静静地帮饲主把东西追捕回来的犬种。

可伦坡猎犬平时虽展现出柔顺的一面，但当它们在工作或游戏时，会完全抛下高贵优雅的外表，全心投入追捕的乐趣之中，那种一心一意的专注神情，绝对会让饲主大呼不可思议，也就是这动静皆宜的性格，令王公贵族们无不为之倾倒。

饲养与照顾

可伦坡猎犬的被毛大多呈白色，毛质浓密，柔软如丝绸，长度属于中长毛类型，因此饲主需要经常梳理。饲养方面并无太大的问题，虽然它们常让人误以为是体形庞大的犬种，但其实食量甚至比黄金拾猎犬还略少一点。

惠比特犬
Whippet

　　惠比特犬的眼睛呈深色圆形，一副很纯洁的模样，四肢相当瘦长纤细，奔跑起来时速可达56千米，是世界上数一数二的快狗。跑起来飞快轻盈，是一种外形俊美的狗狗。

惠比特犬资料

体形：中型犬

身高：44~55厘米

体重：12千克左右

原产地：英国

历史：起源于19世纪，1888年AKC正
　　　式认可此犬种。

用途：属兽猎犬，竞赛

性格：自信、敏捷

身体胸厚背壮

外形纤细，却是奔跑飞快的健壮猎犬

惠比特犬 Whippet

特征

1 眼睛呈圆形。

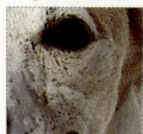

2 长头形，长而瘦的口吻。

3 短耳。

4 修长而肌肉发达的弧形颈部。

5 毛色有淡黄褐色、黑色和蓝色。

6 背线在腰部呈现缓和的弧度。

7 鼻黑。

8 毛短且有光泽，看似紧贴皮肤。

9 四肢修长，身体结实。

10 细长的尾巴，运动时有细微的弧度。

起源与特色

惠比特犬发源于英国北部，最初的培育者为了要进行追兔子的赌博比赛，特别将灵猩和意大利灵猩与猃犬类交配后而出现惠比特犬，后来正式的赛狗活动也由它们进行。惠比特犬奔跑起来时速可达到56千米，算得上世界上数一数二的快狗。

惠比特犬在国外是专门赛跑的犬种，脸瘦长，四肢也非常纤细，胸宽腰细，肋骨很明显。据说惠比特犬的肺活量特别大，是为了提供它们跑步时的氧气需求而演化出的生理构造。新陈代谢的速度特别快，是所有犬种中体脂肪最少的一种。当它们跑步的时候，两个耳朵就会收到头两侧，这也是为了减少跑步时的风阻。

长而细的头形，越向鼻端越细小，有力且轮廓分明的腭骨，鼻黑，毛色多种，混色也可被接受，毛质为短毛且贴近皮肤，尾巴没有毛，奔跑时尾巴会向上高举呈现优美的弧度，但不会贴在背上。

性格与相处

惠比特犬外形瘦长，看似冷酷，其实它们非常忠心，超级护主，非常仰慕它们的饲主，只要跟饲主在一起就是它们最幸福的时候。几乎不用太辛苦的训练，它们就会非常听话，也因为聪明，可以快速学会很多东西。惠比特犬会用撒娇的方式缠着饲主带它们出去运动，最喜欢玩球和飞盘，玩耍技巧相当好。

幼犬变为成犬后，体格上的发育已几乎完全，即使狗狗在这时喜欢在草地上追赶跑跳或做激烈运动，只要在不妨碍其他人或狗的情况下，饲主都不要强烈制止。

　　它们几乎不会对人主动攻击，从幼犬时就相当优雅有礼貌，很少出现破坏家具等情形，相当乖巧，是极好的居家伴侣犬。它们对小朋友也相当和善，但是不喜欢嘈杂的声音，因此让它们与小朋友相处时，只要注意这个问题它们也会是小朋友的最佳玩伴。

饲养与照顾

　　惠比特犬的运动量大，每天需要带出去进行约2小时的活动，当然也需要特别的饮食照顾，除了一般的狗饲料以外，还需要特别的蛋白质补充。譬如，特别调制的鸡胸肉和牛肝等，以补充惠比特犬的营养。它们的被毛相当短，不需要每天梳理毛发，也因为体味很少，所以一周洗一次澡就够了。

　　理论上，惠比特犬发源于英国，应该不会很怕冷，但是很多饲主表示，每到冬天他们饲养的惠比特犬都会冷得发抖，而且因为惠比特犬的胸部与腹部没有被毛，因此要记得替它们准备一张毯子铺在狗窝里，外出时也要记得替惠比特犬准备一件小外套，以免狗狗感冒。

萨路基猎犬
Saluki

　　萨路基猎犬是一种古老的原始犬种，充满了神秘、难以察知的历史背景与身世。优雅、不可一世的高贵神情，纤细的身形与爆发力十足的奔跑，连速度最快的瞪羚都只能望尘莫及。

萨路基猎犬资料

体形：大型犬

身高：58~71 厘米

体重：14~25 千克

原产地：伊朗

历史：起源于公元前3000年，1929年
　　　AKC 正式认可此犬种。

用途：属兽猎犬，猎瞪羚

性格：温和

别名：东非猎犬、埃及猎犬、瞪羚猎
　　　犬（Gazelle Hound）

公犬 2 个月的模样

公犬 8 个月的模样

母犬 2 岁的模样

萨路基猎犬 Saluki

特征

2 长头形。

3 耳朵部位会有长毛点缀。

4 修长的颈部。

6 尾巴的羽状长毛是重要特征，因此不会予以剪尾。

1 脸形狭长，鼻头圆且湿润。

5 毛色有奶油白、金黄、红褐、黑、灰及三色（白、黑、褐）等。

7 整个身体呈正方形。

8 笔直有力的前肢。

9 在四肢的后侧有饰毛。

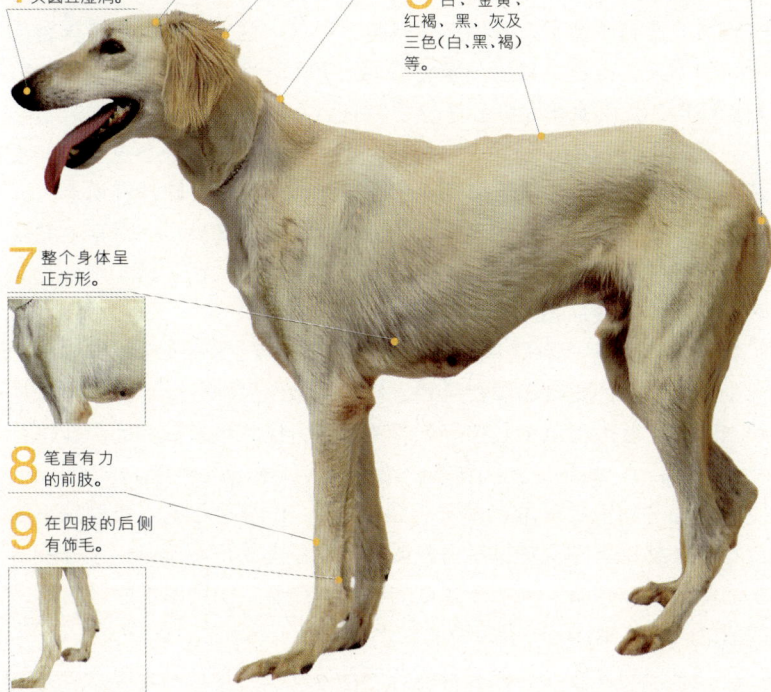

151

起源与特色

　　萨路基猎犬属于原始犬种,估计至少在公元前5000年就已经出现了,其历史久远甚至在苏美文明的遗迹中,都可见类似的猎犬图像。以往萨路基猎犬在阿拉伯地区被视为一种尊贵的犬种,它们被当做马匹一样被人们细心照顾,并以速度及耐力著称。据说萨路基猎犬奔跑起来,和羚羊之中速度最快的瞪羚不相上下,几乎可达80千米每小时,其流线形的优美身形足以印证这一特长。

　　而它们在古埃及时代,也曾被当做皇家猎犬,在许多法老王的陵墓挖掘过程中,都曾发现萨路基猎犬被制成木乃伊,陪伴在法老王的左右,可见古埃及对萨路基猎犬的重视及喜爱。此外,在伊斯兰教里原本将狗视为不洁的动物,人们甚至不愿意触碰它们,但却特别礼遇萨路基猎犬,并且还允许它们进到房子里面。

　　曾有人形容,"萨路基猎犬是世界上最独特、美丽及令人迷惑的古老生物。它们的雕刻图像在早期人们的艺术作品中处处可见,而且是那么容易地被辨视出来,它们无庸置疑是古代艺术家创作的最佳模特儿。"此番话,足可见人们对于萨路基猎犬的着迷及赞赏。

　　萨路基猎犬在外形上属于纤细的体形,乍看之下有点类似较小的灵猩,在整体上它们的被毛短且服帖,但特别的是在耳朵、尾巴及四肢的部分,却有着如羽毛般柔软的长毛点缀着,使得原本应该看起来简洁的外表,增添了一抹华丽感。

　　与一般猎犬相比,萨路基猎犬的身体较短、直,站立时背部会呈平直的状态,搭配上它们的四肢,看起来像是一个正方形,几乎所有

母犬怀孕时不需要过多的
补给，但可将原本的饲料
换成幼犬饲料。如果担心
营养不足，可另外再给狗
狗水煮蛋或低盐乳酪片之
类的点心食用。

的萨路基猎犬都具有这种特色，因此虽然没有强制规定它们的身体一
定要呈正方形，但是目前在全犬种体形比赛中却已成为审查员们一致
的判断标准。

萨路基猎犬的头部整体感觉较狭窄，耳朵则自然服帖在头部两侧；
眼睛的大小比例适中，但眼球部分不能突出，形状接近椭圆形，目色
大多呈黑色或淡褐色；鼻头以黑色及褐色为主。此外当它们站立时，前
肢笔直，但后肢却会略微弯曲，这样的构造可让它们充分展现惊人的
奔跑速度及跳跃力。

性格与相处

萨路基猎犬的个性相当温和，体形修长，在外面活动时，一眨眼
就不见狗影，即使有栅栏围着，它们也可以利用纤细的体形从空隙中
钻出，饲主需多加留意。

萨路基猎犬平时看起来安静、优雅，但一旦让它们有机会展现天
生的才能时，就会摇身一变成为耀眼的明星。看它们在草地上自在地
游戏、奔跑，那美丽又自信的姿态，就是让人们深深着迷的原因。

饲养与照顾

萨路基猎犬属于猎犬类，饲主应该为它们提供适当的场所，到户
外玩耍和运动是绝对需要的。此外，萨路基犬纤细偏瘦的体形，即使
喂食大量食物，但成长却相当缓慢，若饲主稍不注意就会增加饲料的
分量，这是相当危险的，因此饲主要更注意营养的均衡。

阿富汗猎犬
Afghan Hound

　　阿富汗猎犬优美的身形，丝般的毛发飘飞起来，像是个长发披肩的美女，格外引人注意。活动力十足，需要大量的运动，为保持毛发的美观，需要饲主精心的梳洗。

阿富汗猎犬资料

体形：大型犬

身高：68~74厘米

体重：21~27千克

原产国：阿富汗

历史：起源于17世纪，1926年AKC正
　　　式认可此犬种。

用途：属兽猎犬（视觉猎犬），猎狼

性格：活力、独立

具有惊人的跳跃能力

天气越冷，毛
发会愈多愈长

猎犬群 Hunting Dogs · 阿富汗猎犬 Afghan Hound

阿富汗猎犬Afghan Hound

特征

2 眼睛呈黑色或琥珀色。

3 耳朵下垂，耳根位置低，有丝般的长毛覆盖着。

1 长头形。

5 尾巴上的毛较稀少，末端微微卷起，运动时会抬高。

4 身体背部的毛长度中等，耳朵、四肢和下腹部的毛最长。

6 很长的吻部。

7 拥有长而柔软的丝状毛。

8 长而直的四肢。

9 毛色有浅黄褐色、黑色、蓝色和虎斑色。

155

起源与特色

　　阿富汗猎犬是目前世界上少有的原生犬种，不像其他犬种是经过多次配种后刻意得来的犬种。除了灵猩之外，阿富汗猎犬可说是全世界最古老的犬种之一。最吸引人的传说是，据说它们曾搭乘过挪亚方舟，这与它们古老的历史记载不谋而合。可以确定的是直到1886年，阿富汗猎犬才首次进入英国，在1926年到达美国。当它们首次出现在世人面前时，它美丽的容貌立刻获得世人的喜爱，而引起饲养的风潮。

　　阿富汗猎犬来自于沙漠地带，从它的外形及体格可看出它的生存环境。多且长的毛发，可以抵挡日夜温差很大的气候变化；体格瘦长，却一点都不笨重；足掌的毛浓密，相当适合沙漠地形，奔跑起来轻巧迅速，像只小羚羊一般。因此，除非有安全的屏障，否则在外散步时饲主千万不要轻易放开它们。

　　阿富汗猎犬的头顶长有一头长毛，但是在脸部和嘴部区域则是短毛。因为阿富汗猎犬有着瘦长的嘴形，配上一头有个性的长发，乍看之下，会觉得很像人的脸。毛色有浅黄褐色、黑色、蓝色和虎斑色，有的面部毛色较深。

性格与相处

　　阿富汗猎犬因为要在恶劣的环境中生存，它们也相当能够忍耐，不会跟饲主耍脾气。在体能方面，它们的爆发力相当惊人，奔跑时的极速可达时速60千米。此外，阿富汗猎犬属于视觉猎犬，而非靠嗅觉狗狗植入体内的芯片大小如同米粒，其中有一组阿拉伯数字码，经特殊扫描仪能将号码显现出来。为狗狗植入芯片，就像替狗狗申请一张身份证，可辨识狗狗的身份。

打猎，眼力特别好，一看到会动的东西眼神就专注起来，甚至会急速趋前，想要一探究竟。

阿富汗猎犬在个性上很好相处，不具有攻击威胁，但是很有主见，也很有个性，所以不见得会听话，有人会因此误认为阿富汗猎犬是一种不聪明的犬种，其实，它们的智商很高，因此饲养者需要费尽心思才能驾驭它们。

基本上来说，阿富汗猎犬是温驯的，并且有足够的耐心，与小孩子相处时，即使不想一起玩，顶多会找个地方趴下避开小孩子的"骚扰"，也绝不会伤害他们。

饲养与照顾

照顾阿富汗猎犬最少一周要全身梳毛两次，每次散步回来，也要马上清理四肢的脏污。因为它们脸侧的毛发十分长，为了避免毛弄湿弄脏，可准备与狗狗头部同高的喂食碗盘。

此外，因为阿富汗猎犬习惯干燥的气候，身处潮湿的环境时，较容易出现皮肤病，这也是需要特别注意的地方。阿富汗猎犬属盖耳犬，耳朵要保持干燥，并经常清理。阿富汗猎犬很敏捷，甚至是一种敏感的犬种，需要大量的运动来消耗它们的体力。

因为它们具有极强的独立性格，如果对于它们的要求或命令不是它们想要做的，它们甚至连理都不会理，所以请给予阿富汗猎犬正确的服从训练。此外，阿富汗猎犬患白内障的概率相当高，可能发生在3岁之前，饲主要特别注意。

拉不拉多拾猎犬
Labrador Retriever

拉不拉多拾猎犬温和稳定的个性、结实丰厚的肉嘴及方头大耳的长相，吸引了许多饲主喜爱的目光。它拥有杰出的动物本能，耐力好且嗅觉灵敏，也是相当称职的工作犬。

拉不拉多拾猎犬资料

体形：大型犬

身高：55~60 厘米

体重：24~35 千克

原产地：加拿大

历史：起源于 19 世纪，1917 年 AKC 正式认
可此犬种。

用途：属枪猎犬，帮助渔民拉网上岸

性格：乐观、友善，不喜欢出风头

幼犬时就有粗壮的前肢

耳垂不可太短，要超过眼睛水平线

158

拉不拉多拾猎犬Labrador Retriever

特征

2 圆头形，宽阔的头盖骨。

3 长肩胛。

4 带有少许油脂的毛发。

5 尾巴粗实，根部很厚。

1 阔鼻。

6 宽厚的肉嘴。

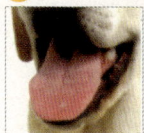

7 弯脚趾和厚足垫。

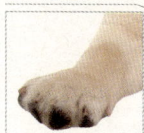

8 毛色有黑色、黄色和咖啡色。

159

起源与特色

　　拉不拉多拾猎犬来自于加拿大的纽芬兰岛，祖先是一种比较小的纽芬兰犬，于19世纪初在英国和一些猎犬配种，保留了拾回猎物的能力。直到它们的防水毛质及水獭般的尾巴特征稳定后，于1880年此犬种标准才确定。

　　来自纽芬兰岛的拉不拉多拾猎犬，一直是当地渔民的好帮手，强而有力的骨骼身躯可拉绳捞鱼，上下两层毛发可在冰冷的海水中长时间工作而不至于冻伤，里层毛柔软浓密可保暖，外层毛粗犷带油脂可防水保护身躯。根部粗大且相当有力的尾巴就好像水獭的尾巴一样。

　　它们的天性乐观，友善又不爱出风头，即使碰到其他犬种的挑衅，也会默默走开，不加理会。此外，体臭少、饲养容易，因此是最受欢迎的家庭伴侣犬。

　　此外，拉不拉多拾猎犬的个性温和、稳定、服从性高，作为工作犬也相当称职，如导盲犬、缉毒缉私犬和搜寻犬等。1999年，在中国台湾9·21震灾中，来自国外的拉不拉多搜救犬在搜救工作中表现不俗，让拉不拉多拾猎犬从那时开始在国内崭露头角，至今仍处于热门犬种的地位。

性格与相处

　　拉不拉多拾猎犬相当喜欢与人亲近，这是一两百年来刻意培育的结果，这种性格深深地刻印在血液里，不容易改变。它们都相当憨厚且安守本分，受挫折后也可以迅速恢复，同时想法单纯，勇往直前。它

> 狗狗植入芯片时不需麻醉动手术，用简单的注射方式即可完成，相当方便。当狗狗走失时，若有好心人带它去动物医院，经芯片器扫描可马上帮它找到回家的路。

们不会有无理的要求，面对饲主的要求，它们总是能乖乖听从。因为工作欲望强烈，因此拉不拉多拾猎犬也特别容易训练，再加上它们本性耿直，成为乖狗狗的成功率相当大。

拉不拉多拾猎犬的性格很温和，若是让小孩子与它们相处，不必担心它们会因为"生气"而伤害了小孩。这也是为什么拉不拉多拾猎犬相当适合作为导盲犬的最主要原因，因为它们的本性温和稳定，受过导盲犬训练后，就可以在值勤过程中收敛起原有的好动活泼，认真工作。

饲养与照顾

就心理年龄而言，拉不拉多拾猎犬算是比较"晚熟"的犬种，它们的幼年期比起一般的犬种来得长。身为拉不拉多拾猎犬的饲主，需要认清即使是再温和的犬种也会经历调皮捣蛋的年纪，况且体形健壮的拉不拉多拾猎犬活泼好动，体力与力量都很惊人，除了需要充分的运动与游戏外，正确的教养与服从训练也是非常重要的。

由于血统单纯，又因不当的近亲繁殖的结果，很多拉不拉多拾猎犬很容易发生髋关节发育不全的问题。因此，在狗狗4个月龄左右，记得带它去拍X线片，可及早发现且及早治疗。

此外，个性乐观又贪吃的拉不拉多拾猎犬，特别容易发胖，饲主切记不要喂食过多。

Chapter **3**

黄金拾猎犬
Golden Retriever

　　黄金拾猎犬拥有天真的笑容，其温和的性格很少会造成困扰，特别是3岁以后，个性稳定下来，即使养在室内也一点都不麻烦。因为它脾气好、性格稳定，是作为导盲犬的最佳选择之一。

黄金拾猎犬资料

体形：大型犬

身高：51~61厘米

体重：25~36千克

原产地：英国

历史：起源于19世纪末，1925年AKC
　　　正式认可此犬种。

用途：属枪猎犬，狩猎及寻回被射落
　　　的水鸟

性格：温和善良，亲近人，精力旺盛

别名：金毛猎犬、黄寻猎犬、
　　　俄罗斯猎犬

40天左右的模样

3个月左右的模样

1岁2个月的模样

162

黄金拾猎犬Golden Retriever

特征

1 长头形，头顶稍微呈拱形。

2 长耳，耳朵与眼睛同高。

3 眼睛呈深棕色。

5 长毛，外层毛坚固而有弹性，呈直毛或波浪形，毛质浓密平滑，里毛有防水作用。

4 界线分明的鼻梁。

6 尾巴与背部平行。

7 肢部及尾部均覆盖着长毛。

8 像猫足一样的圆足掌。

9 骨骼强健的直立前肢。

起源与特色

　　黄金拾猎犬属于枪猎犬，于 19 世纪后半叶于苏格兰地区开始繁殖，由拉不拉多拾猎犬及已经绝种的特威德西班牙水猎犬与爱尔兰蹲猎犬、直毛拾猎犬、寻血猎犬交配培育而成。

　　3个月龄以前的黄金拾猎犬和拉不拉多拾猎犬长得十分相似，事实上它们的确有血缘关系。不过黄金拾猎犬长大以后，毛发和性格都和拉不拉多拾猎犬不太一样。外观上，黄金拾猎犬身材比较高，从胸前到尾巴都有厚厚的金黄色被毛，毛质蓬松甚至有点波浪卷。前胸的毛发就像是雄狮一样，让黄金猎犬看起来很有气魄。脸部毛发较短，若将全身的毛剪短，还真的很像拉不拉多拾猎犬成犬。

　　虽名为黄金拾猎犬，但其毛色却有乳白色、金黄色，甚至比较深的橘红色等，深浅不一。

性格与相处

　　黄金拾猎犬与人相处互动和谐，具有善良的脸孔和一颗温柔的心。饲主的一切就是它的世界，喜欢亲近饲主，时刻跟在饲主的身边，想要一起开心玩耍，就像个傻孩子。

　　对陌生人不会构成威胁，所以不适合作为看家的狗，但是黄金拾猎犬不是那种独自在家就乱叫的狗狗，饲主可以放心地把它留在家里，不会对邻居产生困扰。

　　黄金拾猎犬个性上没有攻击性，绝不会玩到一半突然咬你一口，是完全的爱好和平主义者。它们对小孩子也一样，可以陪伴小孩子玩某些营养素过量反而会对狗狗造成影响，例如，在身体发育过程中（1岁前），让狗狗吃大量的钙，反而会让幼犬的骨骼生长板提早钙化，狗狗更长不高大。

耍，甚至保护看管小孩子免于危险，是最适合与小朋友相处的狗狗之一。

黄金拾猎犬相当黏饲主，又因为它们的心思比较细腻，会用比较迂回的方式来表达它们的爱意，让人情不自禁地想摸摸抱抱它们。但是也因为它们与人友好，不怕生、好交际的性格，所以绝对不适合作为看门犬。

饲养与照顾

有些黄金拾猎犬经过不当繁殖后，患先天髋关节发育不全的比例不少，饲养前要多加注意，4~5 个月大时务必要带它去拍 X 线片，确定狗狗的骨骼健康状况。而骨软骨炎、椎间盘相关疾病、扩大性心肌病和胃扭转等也是黄金拾猎犬需要特别注意的疾病。

另外，长毛狗需要每天梳毛，除了让狗狗的毛发不打结之外，也比较不会患皮肤类的疾病，更可避免黄金拾猎犬脱毛，掉在家中满地都是。此外，它们需要固定与充足的运动，每天最好固定早晚一次，养成良好大小便习惯，也能够消耗其旺盛的体力。

由于黄金拾猎犬天生爱家及爱饲主的个性，自尊心强，渴望更多注目的眼光，相较于其他物质或疾病上的照顾来讲，更重要的是情绪上的照顾。如果饲养了黄金拾猎犬，却没有办法与它互动或给予关心，狗狗在行为上可能会出现让饲主头痛的问题。

相较于黄金拾猎犬成犬的稳定，黄金拾猎犬 1 岁半以前，会有超强的破坏力，因此，在饲养前得多加考虑，同时正确适当的服从训练仍是必要的。

爱尔兰雪达犬
Irish Setter

　　爱尔兰雪达犬因其美丽的红色毛发，柔柔亮亮，而有"大红毛"之称。现今活跃于国内犬界的黄金拾猎犬，其实祖先有一部分是来自于爱尔兰雪达犬，因此爱尔兰雪达犬常被误认为是比较深色且比较瘦高的黄金拾猎犬。

爱尔兰雪达犬资料

体形：大型犬

身高：60~65厘米

体重：27~32千克

原产地：爱尔兰

历史：起源于18世纪，1878年AKC
　　　正式认可此犬种。

用途：属枪猎犬，寻找猎物

性格：活泼、积极

别名：爱尔兰蹲猎犬、红色蹲猎犬、罗
　　　维拉克雪达犬

公犬11个月的
模样

有"大红毛"之称

爱尔兰雪达犬 Irish Setter

特征

2 长头形，方形的吻部。

3 耳朵紧贴在头部两侧垂下。

1 鼻为暗褐色或黑色。

4 肌肉发达的长颈。

5 毛色为深红色。

6 尾巴尾端较细。

7 身体厚实，深而窄的胸部。

8 直顺的丝状毛，腹部、尾部和四肢后有细长的饰毛。

9 前肢笔直，后肢长。

起源与特色

顾名思义，爱尔兰雪达犬来自于爱尔兰，由古老红色猎鹬犬、英国雪达犬和波音达犬配种而成。1876 年，阿尔斯特爱尔兰雪达犬协会正式更名为爱尔兰雪达犬，18 世纪后受到英国人的喜爱。

它们属于蹲猎犬的一种，打猎时，猎人们带着捕鸟的网子，爱尔兰雪达犬会在猎物附近，趴下来慢慢地向猎物移动，因此猎人就会知道猎物的所在。

培育之初，爱尔兰雪达犬并不是现今暗暗的红色毛发，而是有红、白两色。那是因为红、白双色的雪达犬在森林中比较容易辨识，因此比较受到猎人们的欢迎。经过培育后，纯红色品种出现，并在爱尔兰当地迅速流行起来。据说，当时爱尔兰的首相——爱德华·罗维拉克，致力于改育过程，因此爱尔兰雪达犬又被名为"罗维拉克雪达犬"。在欧洲大陆，爱尔兰雪达犬是马戏团中的大明星，它们凭着俊俏的外表和灵巧的动作，赢得了民众的喝采和掌声。

爱尔兰雪达犬全身深红色的毛发，颈部修长，头部瘦长，毛茸茸的前肢结实而笔直。它的胸部深而窄，腰长和强而有力的后肢连成优美的弧线，尾巴略略下垂，当它们不走动时，前肢和足掌呈直线，颈部向前挺直，头和口吻则平行，而羽状的尾巴则放松地下垂。

摄取过多脂溶性维生素会造成狗狗肝脏的负担，因此建议饲主除非有医疗上的需要，否则只要让狗狗从饲料摄取营养即可，不需要额外补给，使用前应咨询动物医师。

性格与相处

别看爱尔兰雪达犬的外形雄壮威武，其实它们相当的害羞温驯，对人和狗都相当和善，是一种可以保证不会伤害小朋友的大狗。因为它们的力气相当大，不容易驾驭，所以难免会用力过猛，散步时会拖着饲主走，但是只要给予正确的服从训练，会是相当完美的家庭犬。

由于爱尔兰雪达犬的个性温驯，有可能完全不在意家中的陌生人，也几乎不会因为地盘问题与其他狗争执，所以千万不要期待它们能够协助看家。

饲养与照顾

在美国，当饲主要购买爱尔兰雪达犬之前，出售者会让饲主填一张问卷，询问其有关饲养方面的问题。如果饲主无法带它们出外运动，达到足够的体力消耗，这表示饲主无法负担饲养爱尔兰雪达犬的生活需求，换言之，饲主没有资格饲养。

对于这种外形秀气，但是又有个性，不见得听使唤的爱尔雪达犬，唯一的要求就是情绪上的照顾，包括陪伴它们，照顾它们的健康。爱尔兰雪达犬有长长的被毛，很容易沾染到脏污，一定要天天梳理它们的被毛，一天梳理 1~2 次才符合这种犬种的需要。

此外，髋关节和心肌方面等好发疾病要特别注意。活动力降低时，要注意是否为甲状腺机能低落。常见的癫痫症和视网膜萎缩症都跟遗传有关，饲养前要询问清楚。

威玛猎犬
Weimaraner

　　威玛猎犬的外形相当特殊，光是毛色就足以令人驻足惊叹。它们是来自德国的猎犬，从灌木丛中把鸟赶出来让猎人打猎，然后再将猎物拾回或指示猎物的所在。因为外形优雅漂亮，使它们成为广告片中的宠儿。

威玛猎犬资料

体形：大型犬

身高：58~70 厘米

体重：24~39 千克

原产地：德国

历史：起源于 17 世纪，1943 年 AKC 正式认可此犬种。

用途：属枪猎犬，追踪大猎物

性格：友善、服从

别名：华威马纳猎犬

四肢发达且修长

优美的背部线条

威玛猎犬Weimaraner

特征

1 长头形，长长的吻部。

2 眼睛呈天蓝色或琥珀色。

3 下垂的长耳朵。

4 光滑如丝的短毛。

5 毛色为银灰色或鼠灰色。

6 细长的颈部。

7 弯曲的足趾。

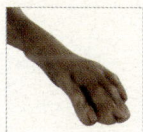

起源与特色

威玛猎犬最早发源于17世纪的德国，取名源自德国"威玛时期"，王公贵族将寻血猎犬与其他狩猎犬混合改良而成。有长毛和短毛两种，长毛犬种在美国尚未被正式认可。

在19世纪早期，威玛猎犬被刻意培育成精瘦的体格，具有爱吃醋的个性，之前曾被训练成为兽猎犬，目前是仅存能兼具狩猎、指示猎物和追寻猎物的7个犬种之一。

外形的特色是银灰色或鼠灰色的毛色及几乎没有长度的被毛。幼犬时期的眼睛是天蓝色的，成犬后则转为琥珀色。结实的体格在不同的灯光下显现出漂亮的身形，让人几乎以为它是一只美丽的野生豹。

性格与相处

威玛猎犬的性格相当温和，对人和狗的态度都是温驯且友善的。它们喜欢和饲主在一起，也会用尽一切办法让饲主注意到它们。看起来永远是聪明可爱的狗狗，但是小动作和小把戏相当多。它们非常忠心，敏感黏人。它会将所有的精神放在饲主身上，不管它睡得多么香甜，只要周遭有动静，就会惊醒并趋前跟着饲主，是一只相当称职的警戒犬。

威玛猎犬也相当聪明，教它的动作总是能够举一反三，甚至从中测试饲主的耐性底线在哪里。在还没受过训练之前，它会是一只令饲主抓狂的狗，不过在懂得驭狗的诀窍之后，它的坏处会立刻转化成优点，成为一只相当完美的家庭犬。

狗狗狼吞虎咽是因缺乏安全感，此时需要让它知道食物是由饲主供给的，而且不会被夺走，甚至还会鼓励、奖赏它食物，渐渐狗狗就会对饲主信任而改变态度。

威玛猎犬很友善，对小孩子也不例外，不过大大咧咧的威玛猎犬，有时动作会比较粗鲁，可能会不小心在玩耍中踢到了别的狗狗而不自觉，也就是说如果家中有幼儿的话，有可能受害者就会是家中的宝贝。

它们的体力相当好，似乎不知道什么叫做累，可以好几个小时玩你丢我捡的游戏也不觉得累。如果没有时间和力气跟威玛猎犬相处的饲主，建议不要轻易饲养威玛猎犬。

饲养与照顾

威玛猎犬短毛易于照顾，但如果是初次养狗或对狗的饲育知识不够了解最好不要饲养威玛猎犬。因为它们敏感黏人、精力旺盛，会造成饲主生活上的瓶颈。例如，邻居会抗议威玛猎犬动辄的吠叫声，它们还具有无穷的破坏力。

因此，如果想要饲养威玛猎犬，需要确实做好服从训练；同时它们的个性很黏人且敏感，需要大量的关心与陪伴。若在正确的饲养下，彼此亲密地互动，会是一个相当美妙的饲养经历。

尽可能每天带威玛猎犬出门2~3次，让它们充分消耗过剩的精力。在健康方面，威玛猎犬本身就属于过敏体质，所以要注意家中环境的清洁。其次，食物也会造成过敏，最好给它们食用最低过敏原的羊肉配方饲料。此外，威玛猎犬容易患胃鼓胀，建议一天少量多餐，不要在运动前后喂食。

苏俄牧羊犬
Borzoi

苏俄牧羊犬有着天生的流线形身材，尊贵的气质与慑人的眼神，初次见面就会让人眼睛一亮。它以奔跑时的速度与耐力闻名，凭借它们的视觉及嗅觉本能追踪狼迹，兽猎合作的特性是它们最有力的武器。

苏俄牧羊犬资料

体形：大型犬
身高：69~79 厘米
体重：35~48 千克
原产地：俄罗斯
历史：起源于 13 世纪，1891 年 AKC
　　　正式认可此犬种。
用途：属兽猎犬（视觉猎犬），猎狼
性格：敏感、孤独、聪明
别名：波索犬、俄罗斯猎狼犬
　　　（Russian Wolfhound）

以奔跑时的速度与耐力闻名

训练的过程中首重步法的训练

苏俄牧羊犬Borzoi

特征

1 长头形。

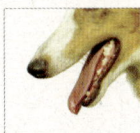

2 吻部和两颚长而有力。

3 优美的长颈。

4 背部优雅而微微弯曲，胸部深凹。

5 身上的被毛较长，柔顺而保暖地散落在胸部、颈部和大腿上。

6 毛色以白底为主。

7 修长的四肢，强壮的前肢与有力的后肢。

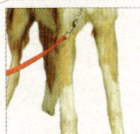

起源与特色

虽名为苏俄牧羊犬，但英国畜犬协会和美国畜犬协会等犬种机构都将其归类为兽猎犬种群。据说苏俄牧羊犬起源于中东地区，在北方大陆与长毛牧羊犬交配改良后，变得强壮有力。它们一身白色的被毛长而柔顺，优雅的吻部与举止姿态散发出尊贵的气质。在1842年被当做礼物送给亚历山德拉公主，并在1891年克鲁夫特名犬展览会上展出。

苏俄牧羊犬以奔跑时的速度与耐力闻名。它们在俄国皇室中被当成王公贵族出游打猎时的兽猎犬，凭借它们的视觉追踪狼迹，并且拥有不畏狼群的气势。它们的奔跑速度不输狼群，兽猎合作的个性是它们最有力的武器。

俄国沙皇将苏俄牧羊犬饲养在皇宫中，作为王公贵族出游打猎时的兽猎犬，并且被视为无价之宝，禁止任何人买卖，因此苏俄牧羊犬在举手投足间也散发出一股皇室的气息。

性格与相处

苏俄牧羊犬的个性拘谨但大胆，不惧怕狼群或未知的事物，能够自己摸索着学习。同时它们也是感情非常复杂的犬种，它们真心对待饲主，有时候会跟饲主撒娇，但同时也非常任性。

苏俄牧羊犬有自己的意志及想法，不喜欢被人命令，所以要教导苏俄牧羊犬需要花费更多的心力。建议将它们从小养起，取得彼此的信任后再进行训练活动。

出门前在狗狗的四肢部位及腹部稍微喷洒一些防虫喷剂，并且佩戴防虫蚤的药用项圈，可以帮助狗狗抵御那些混杂在草丛间的虫卵附在狗狗身上。

饲养与照顾

苏俄牧羊犬拥有细毛、优雅的口吻及白色被毛，散发出尊贵的气质，个性拘谨稳重。在教养和训练性格复杂的苏俄牧羊犬时，饲主需要多花点心思。

苏俄牧羊犬身上的被毛长而卷曲，能够在冰天雪地的严酷环境中自由地奔跑。苏俄牧羊犬在养成过程中，最重视的是步法训练，一派轻松自然的优雅步伐是苏俄牧羊犬的最大特点。

它们需要很大的运动量，需每天带出去运动，让它们自由奔驰，以保持骨骼的健全发展。另外，亦需天天帮它们梳毛，以避免毛发打结。

为了保持苏俄牧羊犬的服从性，饲主需给予基本服从训练。由于贵族血统的关系，苏俄牧羊犬有时会表现得非常任性，因此建议饲主从幼犬开始饲养，以建立良好的人狗互动关系。

狸犬群
Terrier Group

迷你品犬、澳洲狸犬、西里汉狸犬、
诺福克狸犬、杰克罗素狸犬、迷你雪纳瑞犬、
刚毛猎狐狸犬、波士顿狸犬、西高地白狸犬、
苏格兰狸犬、迷你牛头狸犬和贝林登狸犬

认识㹴犬

㹴犬的英文名称Terrier来自拉丁文的"Terra"，意指土壤。㹴犬从概念上说是小区域的猎犬，指那些被饲养为勇敢且凶悍，并能驱逐狐狸、獾、老鼠及生活在土壤下动物的猎犬。从中世纪开始，㹴犬就已为人们认可，一般认为英国爱尔兰犬为大部分㹴犬的起源犬种。

㹴犬中除了雪纳瑞犬源自于德国以外，其他几乎都是来自英国。到目前为止，英国畜犬协会和美国畜犬协会认定的㹴犬共有26种，㹴犬之间的关系其实和地域性有关。主要发源于英国、德国、澳洲和美国4个国家，以欧洲大陆为主，包括英格兰、苏格兰和爱尔兰地区。

早期英国的农夫想要培育出小区域的猎犬，让它们在一个固定的小范围区域里有很强的地域性观念，来保护自己的农庄，所以培育出的㹴犬体力不需要太好，只要可以驱赶一些害兽即可（如马厩里的老鼠等）。因为被捕猎的动物较小，所以㹴犬体形也无须太大，但要灵活且有爆发力。也因需要深入地洞里将猎物叼出来，吻部需较长。此外，也保留了它们口吻上的毛（保护狗狗不易受伤）及长眉毛和小眼睛（让眼睛不易受攻击）等犬外形上的共通特征。

毛色的培育也是㹴犬的特征之一，例如，西高地白㹴犬的白色被毛，就是因为猎人需要一只从远处看也能找得到的明显㹴犬，这样打猎时才不会误伤自己的狗，因而培育出的纯白㹴犬。显而易见，㹴犬的培育原本就是为了某种需求而产生，但在如今，㹴犬因其特有外形特征而成为最受欢迎的伴侣犬之一。

狸犬的体形特征

狸犬是从英国传播出去，近百年来才培育出的犬种，它们的祖先已经不可考。虽然狸犬的犬种因繁衍的关系在外形上都不相同，但仔细观察，还是可以归纳出 3 点狸犬共有的特征。

老夫子般的胡子与蓬乱的被毛

狸犬一族的狗狗，大部分拥有特殊的杂乱造型的被毛，即使是短毛犬，也鲜有柔细的丝毛，很多是刚毛犬种。例如，刚毛猎狐狸犬的毛质就特别粗硬。迷你雪纳瑞犬有"老夫子犬"的称号，其外号来自于它的口吻部被毛可以留得很长，就像漫画中"老夫子"的胡子一样。其实狸犬类大多都可以蓄长胡，雪纳瑞犬的长胡子特色就是狸犬的特征之一。

折叠的三角耳或竖立的小耳朵

狸犬一族的耳朵大致可归纳为两种。

（1）垂下的"V"字形耳朵，如雪纳瑞犬和杰克罗素狸犬。

（2）竖立的小耳朵，如西高地白狸犬和苏格兰狸犬。

但因有些犬种有剪耳的传统，如雪纳瑞犬的耳朵是小小尖尖的竖起来，表示它曾被剪耳，而不是狗狗耳朵的原形。

既小又黑圆的眼睛

大部分狸犬都有着黑色圆圆的眼睛，从小而黑的眼睛中就可以看出狸犬活泼好动且好奇心旺盛的天生特质。

㹴犬的性格特质

　　大部分的㹴犬都有着活泼、好动的性格及探索事物的好奇心，具有机警、活泼、聪明、勇敢、固执、天真、自信、富有运动细胞及爱饲主的优点，也因其可爱的外形吸引了许多的饲主。但相对来说，因㹴犬天生好斗的性格，饲主在饲养前应审慎评估。

容易过于热情

　　㹴犬没有不热情的，而这样的热情若发生在扑向饲主示好时，加上㹴犬的爆发力与冲力，若没有适当地控制与训练，很有可能转变成人狗彼此身体上的伤害。很多㹴犬相当的活泼好动，但这样的活力也有可能给饲主带来破坏性的后果，家中的家具、抽屉和沙发可能无一幸免。而且这种好动的个性不会随着年龄增长而改变，因为这就是它们的本性。

容易我行我素

　　很多㹴犬都相当自信，凭着小小的身躯，碰到大狗挑衅时也不会畏惧。同时，它们很容易不受饲主的控制，虽不会伤害自己的家人，但若要它往东它偏往西的固执情形，时有所见。

容易与其他狗狗发生冲突

　　许多饲养㹴犬的饲主都说，他们的狗狗跟人很亲，但是眼中容不下其他狗狗。没错，㹴犬其实对人相当友善，但是当它们看到其他狗狗的时候，很容易突然动气，即使是一公一母都有可能发生冲突。

狸犬的饲育重点

狸犬体形普遍不大，但特有的毛质与较长的吻部需要给予特别的照顾。精力无穷、活泼好动且心思细密的它们，也是饲主在相处互动时要特别注意的。

用窄口碗喂食，维持吻部毛发的干净

一脸长长的大胡须是狸犬的共同点，大部分狸犬的口吻部较长，为了保持干净，建议饲主用干狗粮喂食，并且用窄口的碗较不会干扰它们进食与喝水，并且毛发也不易氧化变色。狸犬的被毛大多属于硬毛的毛质，且毛发较长，需要天天梳理。比较专业的方式甚至会用拔毛的方法来维持其硬毛的毛质。

外出散步，牵绳不离手

狸犬都相当活泼好动且不拘小节，这样的性格需要进行服从训练。此外，狸犬很容易对不熟悉的事物产生好奇心，所以饲主在散步时，切记务必牵绳不离手，否则狸犬很容易因为外在事物的吸引而走失。

转移注意，以消耗过人精力

过去狸犬的主要工作是负责猎兔子、捕老鼠和捉住地洞里的獾。所以，建议饲主在准备与它们游戏时，不管是在室内或室外，都可以朝这个方向发展。例如，在户外游玩时，用滚动球类让它们追逐，不要掷远抛高，因它们适合短距离冲刺。在室内游戏时利用晃动的逗猫棒或红点投射笔在地板上移动，让它们追逐以消耗精力。

迷你品犬
Miniature Pincher

　　迷你品犬是一种天性聪颖、机灵、十分乖巧且爱撒娇的狗，因此非常适合作为居家犬和伴侣犬。乍看迷你品犬的外形与短毛的吉娃娃犬有些类似，但仔细从外观的三大特征来辨认，即可区别其不同。

迷你品犬资料

体形：小型犬

身高：25~32 厘米

体重：2.5~3.5 千克

原产地：德国

历史：起源于 19 世纪，1925 年 AKC 正式
　　　认可此犬种。

用途：猎鼠

性格：伶俐、撒娇

别名：迷你杜宾犬、黎品池犬
　　　（Reh Pincher）

红棕色的迷你品犬有小鹿犬之称

体味淡且短毛，好整理

迷你品犬 Miniature Pincher

特征

1 长头形。

2 眼睛大而灵活。

3 短耳，双耳高耸。

4 幼犬时就进行断尾。

5 鼻子较长。

6 四肢修长，体态轻盈。

7 目前普遍见到的毛色为黑色、红棕色和金黄色，蓝黑色者较少见。

8 毛质属于短毛，富有光泽。

起源与特色

迷你品犬原产于德国,属于古老的犬种,源于传统的德国猄。1895年"德国迷你犬俱乐部"成立后才开始流行起来。德国人一开始称迷你品犬为"黎品池犬"(Reh Pincher),因为它们长得很像生活在德国森林里的小獐子("reh"在德文中就是獐子的意思)。美国于1929年成立"迷你品犬俱乐部"之后,迷你品犬才渐渐开始在比赛会场上崭露头角,并受到美国人的肯定。

美国畜犬协会形容此犬种为"杜宾犬的迷你型",迷你品犬拥有修长的四肢,全身服帖光泽的短毛、灵活的大眼睛及修长的吻部,因其体态轻巧,奔跑时的美丽姿态如同小鹿般跳跃,因此又称为小鹿犬。目前普遍的毛色为黑褐色、红棕色和金黄色,蓝黑色较少见。

乍看迷你品犬的外形与短毛的吉娃娃犬有些类似,它们都有着一对高耸的耳朵及大眼睛,而且体重为2.5~3.5千克,体形和一般的吉娃娃犬很像,因此,有些人会错把迷你品犬误认为是短毛的吉娃娃犬。

事实上,迷你品犬的脸部较修长,尤其是较长的鼻子和短鼻的吉娃娃犬有很明显的区别。此外,迷你品犬全身短毛的特征虽然和短毛的吉娃娃犬很相似,但仔细辨识,仍能察觉出两者的不同。迷你品犬全身短毛呈服帖状,但短毛吉娃娃犬的毛比迷你品犬的毛要略长,而且不完全服帖于身上。再者,迷你品犬的四肢也较修长。

迷你品犬与短毛吉娃娃犬的特征差异

特征	迷你品犬	短毛吉娃娃犬
头形	长头形	圆头形
吻部	吻部较长	短而尖的吻部
毛发	毛较短且服帖于身上	毛较长，不服帖于身上
四肢	比较修长	比迷你品犬短

性格与相处

迷你品犬是一种天性聪颖、机灵、十分乖巧且爱撒娇的狗，因此非常适合作为居家犬和伴侣犬。它们对家人十分忠心，不过，如果社会化不足，个性会变得较为胆小，容易紧张，当饲主不在时，会四处张望，甚至来回踱步表现出不安的模样，个性中带有一点神经质。

在许多公开的犬种比赛中，常可见到迷你品犬的踪迹。这些参赛的迷你品犬，在幼犬时期便给予了特别的训练，因此个性也会显得较大方，见到陌生人也不会畏缩。

饲养与照顾

迷你品犬出生3~7天后，饲主便会施以断尾，到了3~4个月时，会进行剪耳，以维持其精明轻巧的体态。由于体形小，因此运动的时间不宜过长。狗狗成犬之后，如果想要训练它的敏捷度，可以训练它跑步，但每次运动的时间不宜超过30分钟，而且每10分钟最好休息5分钟左右。

迷你品犬体形小，食量自然也不大，幼犬一天吃3餐，成犬之后，喂食的时间改为早晚2餐。它们体味淡、短毛好整理，因此没有修剪和梳毛的美容问题。冬天气候较寒冷时会比较怕冷，为避免感冒着凉，可减少洗澡次数并添加保暖衣物。

澳洲㹴犬
Australian Terrier

　　澳洲㹴犬属于小型犬类，短小精悍的它，是澳洲农庄里农民的绝佳助手。所有会破坏农作物的小动物，都逃不出被它驱逐出农场的命运，是最佳的守卫犬。

澳洲㹴犬资料

体形：小型犬

身高：25~32 厘米

体重：4~7 千克

原产地：澳洲

历史：起源于 19 世纪，1933 年 KC 正式认可
　　　此犬种，1960 年 AKC 正式认可此犬种。

用途：农庄工作

性格：活泼、负责

从外观上看，像是约克夏犬的放大版

毛质为粗直毛且身体比腿长

188

澳洲狌犬Australian Terrier

特征

1 长头形。

2 小而黑的眼睛。

3 小而立的耳朵。

4 一出生就需剪尾。

5 长腭。

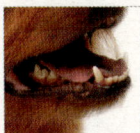

6 颈毛如流苏般，但身体上是粗硬的直毛。

7 四肢虽短，但很粗壮。

8 毛色有蓝灰和棕褐色。

189

Chapter 4

起源与特色

澳洲㹴犬原产于澳洲，早期欧洲移民进入澳洲时，引入爱尔兰㹴犬、凯恩㹴犬、丹第丁蒙㹴犬、史凯㹴犬和约克夏㹴犬作为工作犬，经过这几种㹴犬代代混血交配之后，于是产生了澳洲㹴犬。最早出现澳洲㹴犬这个名称，可以考证到1885年的墨尔本犬展。在展出时就已被命名，展出后不久，1889年在墨尔本成立了"澳洲㹴俱乐部"，聚集了不少相同喜好的人们。

虽然在19世纪时澳洲㹴犬便出现了，但一直到1933年和1960年它才分别被英国和美国畜犬协会所承认。

由于澳洲㹴犬是由多种㹴犬交配混血而成，因此从澳洲㹴犬的身上可以看出许多㹴犬类的特征，它们常被误认为约克狒夏犬。澳洲㹴犬拥有与约克夏㹴犬差不多的毛色、凯恩㹴犬的小耳朵、单第丁蒙㹴犬和史凯㹴犬一样较长的身体，还有和爱尔兰㹴犬相似的长腭及又小又黑的眼睛。

除了遗传自多种㹴犬的特征之外，澳洲㹴犬有较长的身躯，短而粗壮的四肢，而且有立耳和垂耳两种。毛色为棕蓝色，毛质粗硬而直，外层属于长毛，其余部分则是短毛。颈部到前胸部有明显的杂长毛。

性格与相处

澳洲㹴犬体形娇小，反应敏捷，嗅觉灵敏，再加上聪明的头脑与急躁的个性，是捕猎老鼠与兔子的最佳犬种，连澳洲常见的毒蛇都不如果狗狗已达到了肥胖的程度，减肥的第一步就是要减少热量的摄取，但不能让狗狗一下子少吃得太多。市面上有减肥专用的饲料，同样的饱足感却获得较少的热量。

惧怕，甚至还可以制服它们，也因此成为农民最得力的助手。

此外，澳洲狾犬也是相当好的家庭陪伴犬，体形娇小的它们对于活动量的需求度不高，适合于在市区或乡间饲养。它们对饲主很忠诚，也可担任警卫犬的角色。它们没有攻击性，但如果被侵犯时也能表现出勇敢无惧的一面。

应饲主的不同需求，它们扮演着不同的角色，这也是澳洲狾犬最吸引人的地方，正好应证其"最佳小型工作犬典范"的称号。

饲养与照顾

澳洲狾犬是属于相当好照顾的犬种，没有体臭，易于训练，而且几乎没有遗传病，唯有消化系统比较脆弱，需多注意饮食。

此外，若处于潮湿的环境中，澳洲狾犬在皮肤方面需要特别注意，随时保持环境的清洁干燥。

Chapter 4

西里汉㹴犬
Sealyham Terrier

　　西里汉㹴犬在国内比较少见，第一次见到时或许会以为是长得比较壮硕的白色雪纳瑞犬。它们聪明、倔强且主导性强，即使看见体形较大的犬种也不畏惧，完全不受体形限制。它们不只是优异的工作犬，也是很好的看门犬。

西里汉㹴犬资料

体形：小型犬

身高：25~30 厘米

体重：8~9 千克

原产地：英国

历史：起源于 19 世纪 50 年代，1911
　　　年 AKC 正式认可此犬种。

用途：狩猎

性格：聪明、倔强

属四肢短小的㹴犬

双眼上方会有撮长毛垂下

192

西里汉獚犬 Sealyham Terrier

特征

1 方头形。

2 垂耳。

3 强而有力的颈部。

4 短而立的尾巴。

5 毛色为白色或黄白色的单一色系。

6 四肢短小而有力。

7 双层粗糙的长毛。

8 如猫般的足掌。

193

起源与特色

　　西里汉狸犬是在英国韦尔斯培育出的犬种，起源于 19 世纪 50 年代，以发源地韦尔斯的西里汉村命名，为猎獾和水獭而培育出的犬种。它是"狩猎犬种"，同时具有追踪水獭和狐狸的天性，特别会寻找隐藏在地底下的猎物。

　　据说西里汉村当地的培育者爱德华（Captain John Edwardes）是一位狩猎家，为了孕育出猎欲旺盛、忍耐力强、体形小、结实且掘地迅速的犬种，经过长时间的混种交配后才培育成功。由外形可知，西里汉狸犬属四肢短小的犬，血统来源可能有丹第丁蒙狸犬、西高地白狸犬、刚毛狐狸狸犬、巴吉度犬及科基犬等。

　　1903 年，西里汉狸犬首次在韦尔斯地区的犬展中亮相。1908 年，在西里汉村原产地成立了第一个西里汉狸犬协会。至 1910 年，确立了此犬种的标准。1911 年，KC 正式认可西里汉狸犬的犬种标准。

　　西里汉狸犬最大的特征是一张长脸，还有双眼上方垂下的一撮长毛。它体形小，身形为椭圆形而非方形，身高以不超过 30 厘米为佳，具有强健有力的颈部及上下腭，四肢短短的，垂垂的耳朵，毛色分为白色或黄白色的单一色系，被毛密实而丰厚，略微粗糙的长毛呈波浪状，分为内外两层。

> 过胖的狗狗需要固定持续的运动，如每天晚间的散步，这样的生活习惯持续3个月，狗狗一定可以减轻体重。

性格与相处

　　著名的英国侦探小说作家阿莎嘉·克莉丝蒂在她的著作中描述西里汉狸犬是"聪明、倔强，出门自己决定要往右走，就绝不会肯往左走"的狗狗。由此可了解，西里汉狸犬性格中倔强的一面。

　　倔强是其天性，但西里汉狸犬跟人可以很亲近，跟其他犬种相处却很凶悍，主导性强，即使看见体形较大的黄金拾猎犬，一样会不畏惧的吠叫，完全不受体形限制。它们个性积极、爽朗不胆怯且身强体健，不只是优良的工作犬，也是优秀的看门犬。

饲养与照顾

　　西里汉狸犬若是长年养在家里，不能常常抬腿尿尿，要注意泌尿系统的保养。此外，皮肤也是它的弱点，需注意卫生清洁与饮食选择。西里汉狸犬的被毛不会自动脱落，需每半年修剪一次。

诺福克㹴犬
Norfolk Terrier

诺福克㹴犬圆"V"字形的小垂耳是其最大的特征,虽无华丽的外表,身价却相当不凡。在日本,有许多人排队想饲养此犬种,有"红色小可爱"之称。国内目前登记在案的诺福克㹴犬数量很少,属于非常珍贵稀有的犬种。

诺福克㹴犬资料

体形:小型犬
身高:23~26 厘米
体重:5~7 千克
原产地:英国
历史:起源于 19 世纪,1979 年
　　　AKC 认可此犬种。
用途:捕鼠
性格:友善、适应能力强

母犬 1 岁的模样

公犬 5 岁的模样

诺福克㹴犬 Norfolk Terrier

特征

1 黑色湿润的鼻头。

2 圆滚滚的眼睛。

3 长头形,略呈圆形的头骨。

4 短垂耳。

5 突出的吻部。

6 刚毛。

7 毛色大多为全身红色、棕色或在背部呈部分黑色。

8 体长比身高稍长。

9 四肢较短。

Chapter 4

起源与特色

相传诺福克㹴犬是在19世纪中叶由一位名为劳伦斯的人发现的，后来他将这种红色的㹴犬出售给剑桥大学的学生，受到许多人的欢迎。

不过当时繁殖出来的狗狗，虽然外形完全一样，但却有立耳与垂耳的区别，一直到了1964年，英国才将立耳与垂耳定义为两种不同的犬种，立耳的叫做诺威奇㹴犬，而垂耳的就是诺福克㹴犬。

起初人们饲养诺福克㹴犬是作为捕鼠等功用，不过后来随着社会的进步，捕鼠不再那么必要，诺福克㹴犬就转变为一种玩赏犬和比赛犬种。然而诺福克㹴犬在第二次世界大战时，差点面临灭种的危险，所幸后来在有心人士的培育下，才重新开始被人们饲养。

日本曾在2005年做过一次大调查，在1.2亿的总人口数中，诺福克㹴犬的饲养数量仅有945只，加上日本人对于诺福克犬的喜爱，所以一年只让它们繁殖一次，要饲养它们还得要排队，具备天时、地利及人和，才可以顺利将它们带回家，过程可谓困难重重，真的是相当稀有的犬种。

2005年，因6岁大的诺福克㹴犬击败了上万只名犬，赢得拥有102年历史的克拉福犬展选拔比赛（Crufts Supreme Champion）的全场总冠军而声名大噪。

当过多的脂肪堆积在胸腔与颈部时，容易对狗狗的气管和肺部造成压迫，导致狗狗容易气喘和气管塌陷，尤其是小型犬与迷你犬的情况会更为严重。

性格与相处

也许是曾历经几乎灭种危险，诺福克狸犬变得相当懂得配合环境谋生存，它们不但喜爱亲近人，适应能力也超强。据国内饲主的经验，其他犬种狗到了新环境大约需要1个月才能完全融入新生活，但当诺福克犬到新环境时，只休息了一个晚上马上就像从小就在这里长大一样，完全不陌生，还活蹦乱跳的，这令饲主相当惊讶。这样的情形也同样发生在其他的诺福克狸犬身上，可见这种狗狗天生就随遇而安。

诺福克狸犬除了适应能力强之外，它们的个性也相当八面玲珑，平时它们会替饲主尽招待的工作，见到饲主的朋友会毫不客气地扑上前去与客人亲热一番，善用它们的可爱外表帮饲主建立良好的人际关系。但遇到陌生人时，它们也会收起淘气个性，向对方示威吓阻，是相当懂得分寸的好狗狗。

饲养与照顾

诺福克狸犬虽然是小型犬，不需要太大的运动量，但基于它们天生喜爱狩猎和冒险的性格，需要固定带它们去运动和玩耍。

诺福克狸犬在血统上维持得相当纯正，而且少有遗传性疾病，除了与一般小型犬一样，年老时易有心脏及膝盖骨方面的问题外，照顾它们无须花费太多心思。而诺福克狸犬的硬质刚毛也少有掉毛的问题，单层毛的它们只要定时梳洗和修剪，就可保持干净。

Chapter 4

杰克罗素㹴犬
Jack Russell Terrier

　　杰克罗素㹴犬具有敏捷的速度与灵巧的身手，它们可以垂直跳跃比自己高 3~4 倍的高度，因而经常获得敏捷赛的冠军。它眼睛圆亮有神，性格大胆，很容易兴奋，是一种充满活力，又相当活泼的运动型犬种。

杰克罗素㹴犬资料

体形：小型犬
身高：23~38 厘米
体重：5~8 千克
原产地：英国
历史：起源于 19 世纪，第一次出现记录
　　　为 1874 年，1997 年 AKC 正式认可
　　　此犬种。
用途：猎狐
性格：自信
别名：帕森斯拉赛尔㹴犬
　　　（Parson Russell Terrier）

1 岁 6 个月的模样

幼犬的模样

杰克罗素狸犬 Jack Russell Terrier

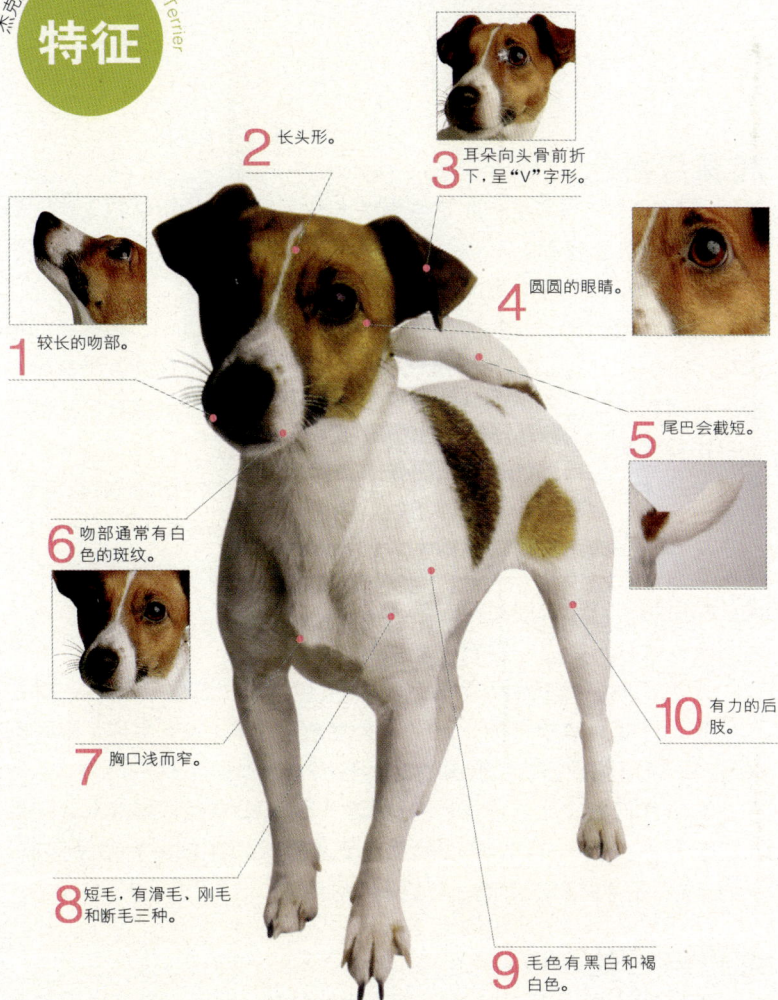

特征

2 长头形。

3 耳朵向头骨前折下，呈"V"字形。

1 较长的吻部。

4 圆圆的眼睛。

5 尾巴会截短。

6 吻部通常有白色的斑纹。

7 胸口浅而窄。

10 有力的后肢。

8 短毛，有滑毛、刚毛和断毛三种。

9 毛色有黑白和褐白色。

起源与特色

一般的犬种因为难以断定其原始犬种出自何处，所以很少能明确知道它的历史和起源。不过，杰克罗素㹴犬的历史和来源非常清楚明确，这在现今的犬种中相当少见。

之所以繁衍出杰克罗素㹴犬，目的是为了要饲育出"最优质的猎犬"。1819年，英国德文郡的Reverend John Russell牧师因为喜好打猎，希望能够获得一只猎狐技能顶尖的猎犬，于是特意在自己的教区里寻找㹴犬来培育，这就是杰克罗素㹴犬的由来。

John Russell牧师获赠了一只白色35.6厘米左右高的刚毛㹴犬，取名叫做Trump，之后牧师便经常带着狩猎能力极强的Trump外出打猎。不久之后，John Russell牧师开始用Trump繁殖"最适合"的猎犬，先后与多只白褐色相间的短刚毛猎狐犬交配。从那时候起代代繁衍下来，这就是杰克罗素㹴犬的培育过程。

杰克罗素㹴犬的外形除了毛质和毛色上有一定的变化外，骨架要平衡，行动要敏捷自然，耳朵向头骨前折下呈"V"字形，眼睛圆亮有神，胸口浅而窄，后肢要有力。毛色上有黑白与褐白两种，若是身上的白色部分少于51%就不算标准。可辨认的毛质有滑毛、刚毛和断毛三种。在身高上，英国的杰克罗素㹴犬俱乐部共有两种标准，一为23~38厘米和不可超过28厘米两种。

性格与相处

杰克罗素㹴犬具有超强的弹跳力，它们可以垂直跳跃比自己高过重的体重，会造成狗狗关节负担太大，容易造成关节炎、膝关节脱臼和椎间盘突出等问题。肥胖造成的皮脂腺分泌旺盛，也会增加皮肤病的发病率。

3~4倍的高度。它们性格大胆，很容易兴奋，是一种充满活力且相当活泼的犬种，所以即使是散步，也需要到较宽广的公园中。与其说它是只爱玩耍的狗狗，不如说是一只"运动员狗狗"更贴切。

因为天生猎犬的能力，杰克罗素狸犬警戒心强，听力好，喜欢东嗅西闻，同时也容易吠叫，所以并不适合在公寓中饲养。它们浑身上下充满了运动细胞，爱跑跳且非常顽皮，喜欢抢东西，而且拔河的力气很大，精力旺盛的它们需要适当的教导。它们的学习能力强，个性忠实，多花点时间陪它玩耍，就会发现它能带给饲主的快乐远远超乎饲主的预想。

饲养与照顾

杰克罗素狸犬对饲主相当忠诚，但太多的好奇心与旺盛的精力让它们永远处于亢奋的状态。需要给予适当的训练，否则将会无法控制。另外，带它们出门散步时，一定要牵绳子，免得因为到处探险而走失。

它们的被毛短，不需要特别打理，只需要适当地刷毛即可，整理起来相当轻松容易。

迷你雪纳瑞犬
Miniature Schnauzer

　　迷你雪纳瑞犬在国内是很受欢迎的犬种，最明显的特征就是它们嘴巴两边长长的胡子，眼睛的轮廓很深，看起来很有学问的样子，就像个成熟稳重的老先生，所以也有人称它们为"老夫子狗"，深受饲主的宠爱。

迷你雪纳瑞犬资料

体形：小型犬

身高：30~35 厘米

体重：6~7 千克

原产地：德国

历史：起源于 15 世纪，于 1898 年在德国正式登录，1926 年 AKC 正式认可此犬种。

用途：捕鼠

性格：友善、活泼、自主性强

4 岁 6 个月的模样

3 个月左右的模样

迷你雪纳瑞犬 Miniature Schnauzer

特征

1 长头形。

2 浓密的眉毛。

3 "V"字形耳朵。

4 双层被毛。

5 尾巴需剪短。

6 眼窝很深，椭圆形眼睛。

7 鼻黑，微凸。

8 嘴巴旁有长长的毛。

9 毛色有黑色，银黑色和椒盐色（灰色）。

10 强健的四肢。

起源与特色

迷你雪纳瑞犬源自德国，血统来自狮毛犬、贵宾犬及较小型的标准雪纳瑞犬所繁殖培育的犬种。体形较小是为了便于在农场里抓老鼠，所以也算是猎鼠犬。

最明显的特征就是它们嘴巴旁边长长的胡子，以及与身体其他部位相比较而呈淡灰白色的眉心和嘴角，俨然像个成熟稳重的老先生，所以又被戏称为"老夫子狗"。雪纳瑞犬（Schnauzer）这个名字在德语里就是"胡子"的意思，如此明显的特征也让它们赢得了"胡子狗"的称号。

它们的被毛共有两层，颜色以黑色、银色和椒盐色为主。小时候是垂耳，长大之后有可能转为立耳，像是两只汤匙一样。幼犬时期毛色通常比较深，长大之后会渐渐退色。眼睛部分的轮廓很深，看起来一副很有学问的样子。

目前认定的迷你雪纳瑞犬有三种标准色：银黑色、黑色和椒盐色。过去曾耳闻的白色雪纳瑞犬的确真有其狗，白色雪纳瑞犬此色系犬种已由德国认可，拥有质量稳定的遗传血统。

性格与相处

别看迷你雪纳瑞犬有张严肃老成的脸，其实它们相当富有好奇心，而且非常活泼开朗。它们天生就是很有主见的犬种，愿意尝试新鲜的事物，也愿意挑战新事物。对于想要达成的事总是锲而不舍，是相当

> 如果狗狗讨厌吃药丸，可请
> 动物医师将药丸磨成药粉，
> 再将药粉混入罐头饲料或
> 干狗粮中让狗狗吃下，也可
> 以直接将药丸混入饲料，让
> 狗狗一起吃下。

固执积极的行动派。

迷你雪纳瑞犬的个性算是很温和，好动、好吃，而且相当黏人。但并不是完全没有脾气，生起气来还是会和其他狗狗打架。同时它们对小孩子也不见得有忍耐力，经常相处在一起的小朋友还好，但是不认识又会欺负狗狗的小朋友，则不在迷你雪纳瑞犬容忍的范围之内。

饲养与照顾

迷你雪纳瑞犬最常见的就是皮肤方面的问题，需要经常帮它们梳毛及检查皮肤，潮湿或过敏都会让雪纳瑞犬身上长疹子，因为本身的体质关系，所以饲主要带狗狗去医院就诊，对症下药控制病情。

在美容造型方面，如果饲主想要自己动手，就要学习迷你雪纳瑞犬的造型，还要准备许多的美容工具。也有些饲主会在它们 5 个月大的时候为它们剪耳。

因为迷你雪纳瑞犬个性活泼，每天需至少出门运动 30 分钟左右，但不需要刻意消耗精力。

需注意的疾病有急性胰腺炎，因肥胖、高血脂、高血钙、胰液逆流或长期服用类固醇所致；耳道感染，因为洗澡时耳内积水没弄干净或因为耳毛没拔所导致；而先天性心脏障碍则是迷你雪纳瑞犬的遗传性疾病。

刚毛猎狐㹴犬
Wire Fox Terrier

刚毛猎狐㹴犬有"犬界贵公子"的雅称，它活泼机灵的模样，总会吸引众人的目光，不但深受许多人的喜爱，更是许多比赛的得奖高手。它曾经在有百年赛史的西敏寺犬赛中拿下13次的全场总冠军，获得全场总冠军的次数为所有犬种之冠。

刚毛猎狐㹴犬资料

体形：小型犬

身高：不超过39厘米

体重：7~8千克

原产地：英国

历史：起源于18世纪，1885年美国成立猎
狐㹴犬俱乐部，在1985年6月正式分
为短毛猎狐㹴犬与刚毛猎狐㹴犬。

用途：猎狐

性格：机警、刚烈

幼犬的模样

1岁4个月的模样

刚毛猎狐狸犬 Wire Fox Terrier

特征

1 长头形。

2 黑而圆的眼睛。

3 耳朵下垂，但也有立耳的时候。

4 尾部通常会断尾1/4，留下3/4。

5 鼻黑。

6 头部为咖啡色，瘦长的脸常常会被蓬松的被毛遮掩住。

7 双层毛，被毛自然弯曲，底毛短而密。

8 腿部相当强劲有力。

9 毛色以白色为主，搭配有黑白和棕白两种。

Chapter 4

起源与特色

刚毛猎狐狻犬是由英国的狻犬改良培育而来的。18世纪时称为猎狐狻犬，英国贵族们都用它们来猎狐，猎狐狻犬又可细分为刚毛猎狐狻犬与短毛猎狐狻犬。

据说刚毛猎狐狻犬和短毛猎狐狻犬的祖先是相同的。先出现短毛猎狐狻犬，后来才分出刚毛猎狐狻犬。而短毛猎狐狻犬的祖先是短滑毛黑褐狻犬、牛头狻犬、灵猩及米格鲁犬。而刚毛猎狐狻犬的刚毛据说是得自古代粗毛狻犬及黑褐工作狻犬。

由于猎狐狻犬的眼力相当好，又有着灵敏的鼻子和持久的体力，还有瘦长强壮的四肢，相当适合挖掘洞穴。因此在猎场上，当大型的猎犬将猎物追赶到藏身处之后，猎人便放开猎狐狻犬钻到地下将狐狸找出来。不过近年来猎狐狻犬因其俏皮可爱的模样与喜欢亲近人的天性，反而成为受欢迎的居家宠物犬。

猎狐狻犬的耳朵通常呈下垂状，但也有立耳的时候。被毛自然弯曲，底毛短而密，毛色以白色为主，搭配黑灰色的大片斑块。头部为咖啡色，瘦长的脸常常会被蓬松的毛发遮掩住。尾部通常断尾1/4，留下3/4。

猎狐狻犬活泼机灵的模样，不但深受许多人的喜爱，更是许多比赛的得奖高手。刚毛猎狐狻犬曾经在有百年赛史（共128届）的西敏寺犬赛中拿下13次的全场总冠军。获得总冠军的次数为所有犬种之冠，而且比第2名得过7次总冠军的苏格兰狻犬超出将近一倍。可见

> 若没有罐头饲料可混合药丸，不妨将药丸放到狗狗的舌根（接近咽喉）处，然后将狗狗嘴巴闭上并且吹一下狗狗的鼻子，狗狗就会不自觉地将药吞下。

刚毛猎狐狸犬在犬种专家的心目中是多么的优秀。

性格与相处

猎狐狸犬个性机警，反应敏捷，动作迅速，脸上不时流露出丰富的表情。有时候脸上的毛太长，无法清楚地看到它的眼神，但是可以从它们的耳朵和尾巴表现出它的心情。听到让它觉得好奇的声音时会歪头探脑的，此时它们常会表现出专注的一面，还能够保持着优雅的站姿。大多数刚毛猎狐狸犬的身体比例与四肢搭配都非常匀称，在人们的印象中它们有着高贵的气质，因此也有"犬界的贵公子"称号。

刚毛猎狐狸犬也有着一般狸犬的刚烈个性，喜欢饲主甚于喜欢其他狗狗。因此对于身躯体形比自己大的狗，通常会出现警戒的反应，甚至有大打出手的可能。所以猎狐狸犬比较容易与其他狗狗产生冲突，不过对人却相当和善。另外，它们相当容易训练，也容易服从。

饲养与照顾

刚毛猎狐狸犬为了能在灌木林中穿梭搜捕猎物，发展出类似刚毛组织的被毛。此刚毛特质可以保护它的皮肤不至被外物所伤。但想要维持毛的刚硬特质，就得配合被毛的老化程度予以拔除。拔除后的被毛经过 50~60 天，又会长出刚硬的新毛。照顾上需要每日刷毛，并注意耳朵内外、下巴、嘴部及鼻子部分毛发的清理。此外，容易出现湿疹一类的皮肤问题，需特别注意被毛的清洁卫生。

波士顿狸犬
Boston Terrier

　　波士顿狸犬原产于美国本土，经改良后原有狸犬爱争斗的性格已消失不见，热情且体贴的性格使它获得了"美国绅士"的雅号，脸部表现出高度智慧及沉着稳定的表情，非常适合作为宠物和家庭伴侣。

波士顿狸犬资料

体形：小型犬

身高：28~38 厘米

体重：6.8~11 千克

原产地：美国

历史：起源于 19 世纪，1893 年 AKC 正式
　　　认可此犬种。

用途：引诱公牛和捕鼠

性格：热情、聪明

别名：波士顿爹利犬

40 天左右的模样

底色为黑色被毛，加上白色斑纹

母犬2岁3个月的模样

波士顿狸犬 Boston Terrier

特征

1 方头形，顶部宽广而平顺。

2 小而薄的立耳。

3 胸部肌肉宽而厚实。

4 毛色有黑白及虎斑白等。

5 尾巴很短。

6 大而圆的黑眼睛。

7 上嘴唇大且下弯，嘴巴紧闭，完全将牙齿覆盖住。

8 毛质短细平滑。

9 弯曲的飞节骨。

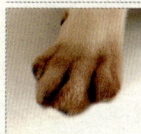

10 足掌小而圆。

Chapter 4

起源与特色

波士顿㹴犬为原产自美国的犬种之一，主要的犬种来自于英国牛头犬及牛头㹴犬。1891年，喜爱波士顿㹴犬的饲主们组成了美国波士顿㹴犬俱乐部，经过一番努力之后，成功地说服AKC认定波士顿㹴犬，将其列入血统簿成为正式犬种之一。

按体重可分为三型，小型为6.8千克，中型为6.8~9千克，大型为9~11千克。现今的波士顿㹴犬比起最初认证时相对来讲体形小了许多。经过选择性的配种之后，除了体形变小之外，连原本㹴犬爱争斗的性格都被改良成如今温驯的气质。

一只理想的波士顿㹴犬，脸部应该能够表现出高度智慧及沉着稳定的表情，这也是此犬种的重要特征。波士顿㹴犬头部短小结实，但比例匀称；尾巴很短，中等体格，腿部肌肉结实，虽短仍矫健；体格构造强壮，四肢弯曲很灵巧，给人一种坚定且有活力的形象。

被毛均为平滑的短毛，底色为黑色或虎斑色，再加上白色斑纹且斑纹分配部位均匀又明显。口部为白色，甚至会从口部延至头部、颈部、胸部乃至于前肢部位。

性格与相处

波士顿㹴犬具有相当丰富的表情，而且很能够理解饲主要对它表达的言语。可是就是因为太过于聪明了，经常会表现出"你说的我懂，但是实在不想做啊！"的行为。它的表情非常多，各式各样好笑的脸

> 狗狗身上没有汗腺，但在足掌上有。再加上足掌肉垫间的细缝容易藏污纳垢，因此如果几天没洗澡，脚掌味道自然会浓厚，也很难不产生味道。

部变化一摆出来，让饲主特别怜爱。

经常有人说，"波士顿㹴犬的个性很火热且急躁"，但即便是这样，每一只波士顿幼犬的差异还是很大。最主要还是要看生长的环境影响，有些波士顿幼犬是那种易兴奋的性格，还有些是一整天一句"话"都不"说"的很成熟的"大孩子"。也有人说，养过一次波士顿㹴犬之后，便从此爱上此犬种而欲罢不能。

饲养与照顾

在健康方面，饲主要特别细心留意。因为波士顿㹴犬是短毛犬种，在夏天与冬天温度两个极端的时候，容易受到温度的影响。而且它们的皮肤很脆弱，得好好照顾。

因为波士顿㹴犬的头部较宽阔，因此生产时容易造成难产，通常需要采取剖腹方式生产。

西高地白狻犬
West Highland White Terrier

西高地白狻犬最知名的代表作就是拍摄了"西莎罐头犬食"的广告，因为广告印象深植于一般养狗者心中，很多人是先认识那只狗狗的外形，对于狗狗的犬种名称反而印象不深刻，有些人甚至直接称它们为"西莎犬"。

西高地白狻犬资料

体形：小型犬

身高：25~28 厘米

体重：7~10 千克

原产地：英国苏格兰

历史：起源于 19 世纪，第一次出现的记录为 1907 年，1908 年 AKC 正式认可此犬种。

用途：猎鼠

性格：自信

以圆乎乎的脸形著称

后肢比前肢短一点

216

西高地白狔犬 West Highland White Terrier

特征

1 方头形，略呈圆顶形的头骨。

2 眼睛是黑色的。

3 天生的倒 "V" 字形耳朵，小小尖尖的。

4 圆乎乎的脸形。

5 鼻黑，唇黑。

6 毛色为白色。

7 四肢短小且肌肉发达。

8 厚实的被毛，双层毛，粗糙而不卷曲。

9 天生较短的尾巴，形状类似胡萝卜一般。

起源与特色

西高地白㹴犬源于 19 世纪，起初被称为"波多罗克㹴犬"。西高地白㹴犬是由苏格兰㹴犬、凯恩㹴犬和丹第丁蒙㹴犬混种培育而成。18 世纪初期，在被认为是原产地的苏格兰波尔塔洛奇饲养。因此，以前也曾被称为"波尔塔洛奇㹴犬"。

来自于英国苏格兰的西部高地的西高地白㹴犬，圆乎乎的脸形是其最大的特征，但是它们的圆头和比熊犬刻意修剪出来的模样不一样，纯粹浑然天成。此外，它们的尾巴天生就这么短，没有经过刻意修剪，形状类似胡萝卜一般，竖立在身体后方，不会卷曲。耳朵则是小小尖尖的倒"V"字形。

性格与相处

西高地白㹴犬的个性非常活泼、自信，聪慧的它们因在犬食广告中一炮而红，而成为家喻户晓的狗明星。一般人对它们的印象为纯洁，可爱且高人一等。

西高地白㹴犬聪明伶俐、活泼爱玩，待人友善、热情，即使与其他狗狗一起玩也能和睦相处，是一种适合在家庭中饲养的犬种。而西高地白㹴犬只认第一个饲主，贴心得不行，也是它让人宠爱的原因。

可以在每次替狗狗剪毛时，帮狗狗将肉垫和足趾间的杂毛修干净，每次洗澡时也记得洗净足掌，可以使足掌的味道减轻许多。

饲养与照顾

西高地白狆犬的平均寿命为 14 年。为了维持西高地白狆犬的毛质，它的被毛必须用拔的方式，而不能用剃毛的方式来整理。如果没有用拔的方式，它们的被毛就会变得软塌，失去了原有的蓬松特征。被毛浓密而厚，需注意皮肤的清洁与卫生。

此外，西高地白狆犬的四肢肌肉发达，动作敏捷，精力充沛，除了为它提供充足的活动空间外，更需经常带它们出去散步运动。狗狗无聊时甚至会出现玩自己四肢的行为，可能因此而感染趾间炎，因此大量的活动是必要的。

苏格兰㹴犬
Scottish Terrier

苏格兰㹴犬聪明、活泼好动，有着黝黑的身躯、不高的体形、铁丝般钢硬的毛发及深邃的眼神，虽然天性勇猛，让人以为它们不是好惹的犬种，但只要深入了解它们的个性，就会发现它们其实是忠心耿耿的好伴侣。

苏格兰㹴犬资料

体形：小型犬

身高：25~28 厘米

体重：8.5~10.5 千克

原产地：英国

历史：起源于 19 世纪，第一次出现记录
为 1860 年，1885 年 AKC 正式认
可此犬种。

用途：猎鼠

性格：独立、自信

别名：亚伯丁㹴犬（Aberdeen Terrier）

幼犬（左）／成犬（右）的模样

和雪纳瑞犬长得非常相似

苏格兰狙犬 Scottish Terrier

特征

2 长长的眉毛。

3 挺立的尖耳。

1 长头形。

4 尾巴似胡萝卜的形状。

5 鼻子大且黑。

6 毛量多，如铁丝般刚硬的被毛。

7 毛色以黑色为基调，搭配一些灰褐色的斑纹，有时胸前会出现白毛，但还属正常毛色。

8 前肢短，因此身体较长。

9 后肢强健有力。

起源与特色

苏格兰㹴犬源自于苏格兰地区，是由凯恩㹴犬、史凯㹴犬培育而成的，于1870年确立此犬种。1882年横越大西洋后，于1884年正式出现在美国直到现在。虽然发源地来自苏格兰地区，但如今，加拿大却成为培育苏格兰㹴犬的主要国家。

因为属㹴犬一族，所以它们的脸形跟雪纳瑞犬有些相似，都有着长长的眉毛和嘴部四周的胡须。而它们的体形和西高地白㹴犬也有些类似，如尖耳及胡萝卜般形状的尾巴，实际上，它们也的确和西高地白㹴犬有着较近的血缘关系。

虽然它们的平均身高都很矮，但是身体相当结实。㹴犬天生的刚毛也同样出现在它们身上，毛量多且毛质硬。毛色以黑色为基调，搭配一些灰褐色斑纹，有时候胸前会出现白色的毛，但还算是正常的毛色。因为毛色实在太黑了，又有长长的眉毛，所以几乎无法清楚地看到它的眼神，只见到一颗黑黑大大的鼻头，非常可爱。

性格与相处

苏格兰㹴犬有时候容易对别的犬种表示不满，即使身材不高，而且也不见得打得过其他犬种，但是义无反顾冲上前去是它们的个性。它们也不是那么容易驯服的犬种，虽然个性相当的忠心，不过有时因为太过于独立却显得冷漠。源自于猎犬的性格，让它们有着火爆且固执的脾气。不过它们对人很和善，若能了解它们的个性，苏格兰㹴犬很

> 狗笼对狗狗而言，应该不只是限制行动的工具，而是一个安全温暖的避风港，无论是大狗还是小狗，都应该进行"笼内训练"，教导狗狗安心地待在笼子里。

适合作为人类的好伴侣。

个性稳重且不会神经过敏的苏格兰狿犬具有当警戒犬的潜质，因为它们不只个性稳重，还很有毅力，从它们总是抬得高高的头，尾巴翘得直直的肢体语言就可以看出它们的性格。它们对人很和善，但是对其他的狗狗就没那么友善了。固执的个性，也让它们获得了"顽固的保守主义者"的封号。

饲养与照顾

苏格兰狿犬相当聪明且活力旺盛，从幼犬时就精力十足，对于新鲜事物总是勇于尝试，饲主平时要多留意它们的安全，以免因太过于勇敢造成伤害。特别需要提醒的一点是，因为它们很有主见，所以平日对它们训练时要很有耐心。其实，苏格兰狿犬是相当护主的犬种，只要饲主愿意花时间多陪陪它们，将会发现它们忠心的一面。

另外，苏格兰狿犬的被毛较脆弱，注意保养清洁，避免其患皮肤病，要常常让它们保持清洁，最好每日梳毛，并定期的修剪毛发。好吃，因此容易发胖，饲主要注意给予适当运动。四肢短，身体相对较长，要小心椎间盘突出的问题。

Chapter 4

迷你牛头㹴犬
Miniature Bull Terrier

迷你牛头㹴犬拥有木瓜般的头形，从头骨到鼻尖几乎没有任何的角度，直直顺下的鼻梁，特别是眼睛周围的黑圈，好像曾被人狠狠地揍了一拳似的，充满了喜剧效果，让第一次看见它们的人印象非常深刻。

迷你牛头㹴犬资料

体形：小型犬
身高：25~35 厘米
体重：不可超过 9 千克
原产地：英国
历史：起源于 19 世纪，1991 年 AKC 正
　　　式认可此犬种。
用途：捕鼠
性格：勇敢、坚定

有大型犬的优美身形

以眼睛周围的黑眼圈而著称

迷你牛头獒犬 Miniature Bull Terrier

特征

2 直直顺下的鼻梁，头骨到鼻尖几乎没有任何角度。

3 长头形，似木瓜一般。

1 小而薄，立而尖的三角耳。

4 尾巴细小而长。

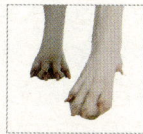

5 单眼皮三角眼。

6 肌肉结实，胸部到腹部呈弧状。

7 毛色有白或黑混色，虎斑及黄褐棕色等。

8 短毛有光泽，皮肤紧贴着身体。

10 猫状的足趾。

9 骨架大，四肢笔直，强而有力。

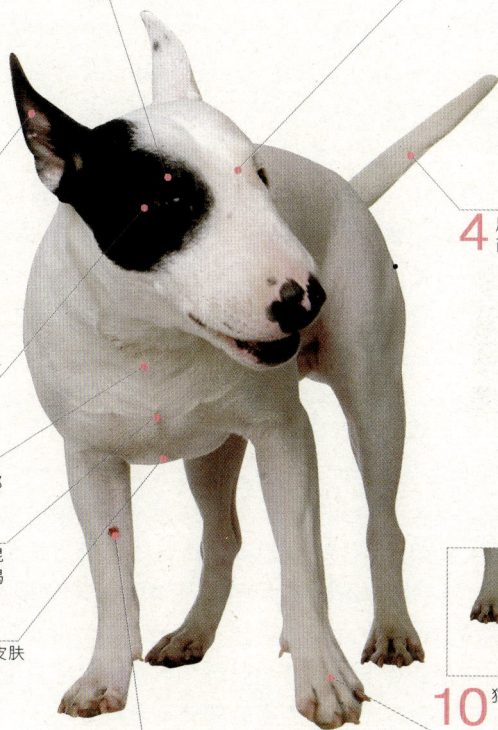

起源与特色

　　据说迷你牛头㹴犬是由斗牛犬和英国白㹴犬配种而成，当时被命名为"Bull and Terrier"。后来由英国伯明翰培育者将其再与西班牙指示犬等长期繁衍培育而成。

　　迷你牛头㹴犬有着大型犬般的身体骨架线条，拥有无穷的精力与旺盛的战斗力，让人惊奇。也有一种说法为，在培育过程中，迷你牛头㹴犬可能有苏俄牧羊犬与牧羊犬的血统，所以牛头㹴犬的头形比一般犬种更显得修长；有些迷你牛头㹴犬身上有黑色斑点，可能是有大麦町犬的血统。经过长期培育才出现白色、平脸、强壮且四肢较短小的迷你牛头㹴犬。其实在19世纪斗狗盛行的时期，牛头㹴犬出现了不同的体形和毛色，直到1913年，英国牛头㹴犬组织协会才区分出牛头㹴犬和迷你牛头㹴犬两种体形。

　　迷你牛头㹴犬是各种牛头㹴犬中体形最小的一种。木瓜般的头形，加上从头骨到鼻尖一路直下，谁见到它都不由得牢牢记住，尤其是独特的单眼皮三角眼，让它们的眼神显得有点呆滞，看起来没有其他㹴犬那么聪慧。特别是眼睛周围的黑圈，好像被人狠狠地揍了一拳似的，模样十分逗趣。迷你牛头㹴犬毛色多样，培育之初大多数牛头㹴犬都是白色的，但是还是带有隐藏的颜色，大部分出现在头部，有一些其他毛色的杂毛，也就是这样的毛色充满了趣味效果。

"笼内训练"能让狗狗学会在笼内定时定量用餐；在固定的时间放狗狗出来，练习定时定点上厕所；还能减缓狗狗与饲主分离时焦虑的情绪。

性格与相处

迷你牛头獚犬的个性很活泼开朗，容易兴奋，而且力气惊人，骁勇善战，一打起架来，即使大狗狗也会惧怕它三分。虽然在培育过程中，已逐渐失去了原始斗犬的狠斗个性，但还是保有不服输的性格与活力，因此如果长期被关在家中，饲主要注意它们可能会用破坏来发泄过多的精力，因此适度的精力消耗活动是很重要的。

它们较喜欢与人为伴，喜欢与小朋友玩闹，对人、事和物都具有强烈的好奇心，非常依赖人，害怕独处，所以饲主需抽出时间来陪伴它们，但对其他狗狗则缺乏耐心，所以很容易与其他狗狗发生冲突。

饲养与照顾

它们的体形虽不出众，但是力大如牛，加上个性本来就容易兴奋，不好好教导的话，带着它们散步时会横冲直撞，不适合女性、小孩和老人饲养。

迷你牛头獚犬天生好斗的性格，也易与其他狗产生冲突，它们很能打，而且通常都是它们赢。在饲养之前，要先规划训练计划，好好地教导，它们也是很好教的。因为其短毛紧贴皮肤，所以被毛很敏感，建议饲养在室内。它们也不会乱吠叫，叫声是很特别的低沉鸣声，是很好的居家伴侣犬。

贝林登㹴犬
Bedlington Terrier

　　贝林登㹴犬的外形高贵，仿佛是一只小绵羊，表情相当温和，性情不躁动又不多"话"，却拥有宛如狮子般的热情动力，它们是外表柔弱，但内心坚强且充满勇气的犬种。

贝林登㹴犬资料
体形：中型犬
身高：38~41 厘米
体重：8~11 千克
原产地：英国
历史：起源于 19 世纪，1886 年 AKC 正式
　　　认可此犬种。
用途：猎老鼠和獾
性格：活泼、勇敢、自信

拥有笔直的长肢

母犬1岁6个月的
模样

贝林登梗犬Bedlington Terrier

特征

1 长头形，头冠毛，头盖骨窄。

2 耳朵下垂，耳根低，呈泪滴形。

3 前躯干，身体背部呈斜拱形（骆驼背），有着厚实的胸部。

4 后躯干，腰部呈弓形。

5 眼睛圆小且凹陷。

6 卷曲的被毛如绵羊毛。

7 毛色有蓝色、淡黄、棕褐色、白灰和深灰色等。

8 足部肉厚。

9 尾巴不上翘，1/3留毛，2/3长度剃毛。

起源与特色

贝林登㹴犬的历史起源众说纷纭，但关于它们的来源有两种比较可信的说法。第一种说法是，贝林登㹴犬来自于罗斯伯里㹴犬，作为猎犬，专门狩猎狐、野兔及獾。直到1825年，此犬种和一只贝林登母犬交配，便产生了贝林登㹴犬。第二种说法为，贝林登㹴犬是由水獭猎犬与丹第丁蒙犬繁衍培育而成。

有许多繁殖者，特别是在英国，在繁殖贝林登㹴犬时，利用惠比特犬和灵猩等犬种交配繁殖出猎犬。直到1877年时，才正式区分出贝林登㹴犬这一犬种血统，它们是上流阶层和贝林登市矿工们都相当喜爱的一种犬种。

1870年，贝林登㹴犬开始参加犬种比赛，但当时并没有给予造型美容。到了1877年成立了"国际贝林登㹴犬俱乐部"后，才开始给予贝林登㹴犬定型造型，它们也开始慢慢普及。

性格与相处

贝林登㹴犬其外形整体感觉是冷静的，并非外表粗犷的犬种，若要用某种动物来形容，那么温柔的绵羊是恰如其分的。将头部的毛发刻意修成木瓜或梨的造型，表情相当温和，性情不躁动又不多"话"，这一点特别令人赞赏，显示出贝林登㹴犬气质高尚的一面。

贝林登㹴犬外形高贵，仿佛是一只小绵羊，深入了解后才发现，它们相当活泼、勇敢，而且充满了丰富的情感与自信心，拥有无穷的热

> 饲主可以将狗狗爱吃的食物或玩具放在笼子里诱导狗狗，当狗狗进入笼子后，马上给它安抚与鼓励，千万不能使用强硬的方法将狗狗硬拉进笼子。

情与活力，这样的差异也经常让人惊喜连连。

当贝林登狸犬定住在某处不动时，表情沉稳，人们会以为它们是一只相当温和的狗狗，直到贝林登狸犬兴奋起来，激动之后才发现这个犬种的警戒心相当强，精力更是充沛。它们会看着饲主，随着饲主的反应而反应，因此饲主必须善用服从训练来控制此犬种。

相对来说，贝林登狸犬对饲主十分忠心，会尽一切力量保护自己的饲主，虽然外表看起来弱不禁风，但若有冲突发生，会发现贝林登狸犬具有拼了命也要战胜对方的决心。因此，贝林登狸犬的饲主在带狗狗外出散步时务必要用牵绳控制好，以免与其他狗狗发生冲突，出现意外。

饲养与照顾

贝林登狸犬具有狸犬的外在体形条件与内在爆发力的性格结合，堪称是"静如处子，动如脱兔"。饲主需要注意的是，当它们看到来往的狗猫时，就会忍不住上前与其游戏，因此而走失的记录不在少数。

为了维持贝林登狸犬如小绵羊的造型，饲主需要多多费心，每月一次的美容及每日的固定梳理是绝对必要的照顾。但贝林登狸犬对饮食、运动和健康上的照顾并没有太特殊的需求，所以是都市宠物狗的选择之一。

Chapter 5
工作犬群
Working Group

法国斗牛犬、斗牛犬、柴犬、标准贵宾犬、波尔多犬、
台湾犬、沙皮犬；萨摩耶犬、松狮犬、大麦町犬、拳狮犬、
罗威拿犬、秋田犬、西伯利亚哈士奇犬、阿拉斯加雪橇犬、
圣伯纳犬、杜宾犬、伯恩山犬、大丹犬、大白熊犬、
纽芬兰犬、纽波利顿犬、高加索犬和西藏獒犬

Chapter 5

认识工作犬

工作犬是为了工作任务所需而进行培育的,工作性质倾向于长时间付出劳力,因此特别需要具备强壮的体力与坚韧的耐力,而不是短暂的爆发力,它们不像以狩猎为工作的猎犬,只需短时间的急速竞跑。工作犬里还包含许多非运动犬的犬种,包括斗牛犬、大麦町犬、日本秋田犬及贵宾犬等。

从工作犬的工作任务来看,大致可以分为以下几大类:

●**警卫的功能**

具有守卫与警示功能的工作犬,遇到状况会吠叫警示,攻击的能力也很好,如杜宾犬和罗威拿犬等。

●**看牧的功能**

具有看牧功能的工作犬,不像牧羊犬只会赶集牲畜,它们可以保护牲畜不被大型动物攻击,如大白熊犬。

●**狩猎的功能**

工作犬的狩猎工作,不像猎犬只是抓小动物或拾回饲主打落的猎物,它们通常都是猎取大型猎物,即使发生正面冲突也不畏惧,如阿根廷犬。

●**拖曳的功能**

具有拖曳功能,最常见的是拉雪橇和拉货车等任务,如阿拉斯加雪橇犬和西伯利亚哈士奇犬。

工作犬的体形特征

工作犬在毛色和外形上并没有特别突出的特征。不过，体形都相当高大且有分量，这是最容易辨认的特点。

重量与高度为所有犬种之最

由于工作的需要，因此工作犬的体形都相当壮硕。动辄达 40~50 千克，其中最重的是马士提夫犬，标准体重在 79~86 千克，甚至比一个成年男子都重。在高度方面，很多工作犬的肩高都突破 80 厘米，若再加上狗狗的头和颈部高度，最高可以达到 100 厘米以上的体形。有世界记录，美国加州 5 岁的大丹犬"吉普森"，因其直立状态下 2.1 米的高度而获得世界上"最高的狗"的称号。

强健的四肢与结实的体格

工作犬的体形都相当匀称结实，它们拥有强壮的四肢、宽阔健壮的胸部和肌肉发达的四肢。大多数的工作犬几乎都未经人类改造，而且能适应发源地的生态环境，至今还保留着原始的体形。

被毛依当地环境需要而培育

工作犬的被毛是为了本身工作与当地环境的需要而培育成型的。例如，雪橇犬具有浓密厚实的双层毛，在冰天雪地的环境中可长时间保持体温恒定。而源于中国南方的沙皮犬，在炎热的环境下衍生出极短的毛发，大量分泌的油脂却能保护被毛；又因它属于斗犬，皮肤的皱褶可以让敌人攻击时只能咬住皮肤上层，而不至于受重伤。

工作犬的性格特质

几个世纪以来，工作犬被驯养具备警卫、搜寻及救难的功能。因此，培育的重点即在养成毅力、耐力、完成工作使命的责任感及可以和平与人相处的天生性格。

外表高大威猛，但却性格温和

虽然工作犬种的体格都相当高大，长相也看似相当冷峻凶恶，但它们并非如外表所见，它们的凶猛个性也不见得和体形成正比。

例如，大丹犬一般肩高81厘米，体重达55千克。但大丹犬天性却特别的温和，对于饲主的命令也相当服从，不爱吠叫，与它们惊人的外表大相径庭。

天生的服从特质较易训练

很多工作犬本身担负着警卫的工作，在培育的过程中，虽仍保留它们原始的体形，但渐渐地削弱了其凶猛的性格，长久下来，工作犬比较不会主动对人发动攻击。与其他犬种相比之下，更加容易被训练成为一只称职的警卫犬。

与陌生人保持适当距离，以免危险

工作犬其实也有很温和的一面，但某些工作犬种仍然保留原始的野性，天生性格比其他犬种更容易被激怒。而且力气较大，稍不留意就会让与其接触的人受伤。因此，建议若非狗狗的饲主，不要轻举妄动，任意接近工作犬种，保持适当距离，以免突发的冲撞造成危险。

工作犬的饲育重点

饲养工作犬，需要大量的运动及大量的食物，而且它们的体形相当巨大，所以居住的环境若是狭小的公寓或大厦，其实并不适宜。

骨骼发育要注意

大型犬种在成长阶段要注意骨骼发育的健康，因大型犬快速的生长和拉长，若没有足够的钙质，可能使狗狗的前肢呈外"八"形而变形，此外若家中地板太滑也对狗狗的骨骼发育不利。对工作犬来说，最适宜的饲育环境是能让它奔跑，地面要有足够的摩擦力。

充分的运动可舒解压力

带狗狗去户外走动是饲养狗狗的必要功课，对于饲养工作犬种的饲主来说，更是不可忽视。工作犬原本是一种长时间付出劳力的犬种，至今仍保持原有的特性，绝不适合把工作犬当成小型家庭犬来饲养。

被毛问题要注意

对于有浓密厚重的双层毛的犬种，如哈士奇犬、阿拉斯加雪橇犬、秋田犬和柴犬来说，在炎热的气候下，最常发生持续性的掉毛症状。因为毛发浓密，洗澡及吹干毛发都是耗时、耗力的工作，若里层的毛发没有完全吹干，长期下来就会出现皮肤病问题。

而短毛犬如沙皮犬，天生油脂分泌旺盛，易有体臭问题。若为了解决体臭而经常洗澡，反而会加速油脂分泌，诱发脂溢性皮肤炎。

237

法国斗牛犬
French Bulldog

法国斗牛犬扁扁的脸上挂着憨厚的表情,有大大直立着像球拍似的耳朵、肥壮的四肢和小猪般的短尾巴,它以具喜剧效果的脸蛋而著称。

法国斗牛犬资料

体形: 小型犬

身高: 31 厘米

体重: 10~13 千克

原产地: 法国

历史: 起源于19世纪,1898年AKC正式
认可此犬种。

用途: 逗引公牛

性格: 温和、固执

体格小而结实,肌肉非常发达

母犬4个月的模样

法国斗牛犬 French Bulldog

特征

2 脸部扁扁、皱皱的。

1 方头形，宽头骨。

4 短尾巴，不卷曲。

5 眼睛是深色的，圆且大，单眼皮。

3 竖耳，耳朵形状近似球拍。

6 鼻黑，短而宽阔。

7 平滑短毛。

8 毛色有蓝棕色、淡黄褐色和白色等。

239

起源与特色

法国斗牛犬来自于法国，其血统源自于英国斗牛犬，属于比较小型英国斗牛犬的后代。

英国斗牛犬在培育的过程中，因斗牛犬已不再用于斗牛，因此英国人朝家庭犬方向来培育改良，所以其逞凶斗狠的样貌已不复见，性格较为温和，但却保留其斗牛犬脸部纠结成团的特征。直到 1800 年，英国斗牛犬传入美国，经过多年的培育后，1900 年终于出现性格更为和善的法国斗牛犬种，并依此确立此犬种标准。

它们的主要的特征包括球拍状的大耳及平坦的颅顶、额头，这些特征都来自美国育犬家的努力。在美国育犬家培育前，法国斗牛犬的耳朵为玫瑰耳，短吻部，眼睛很大，也曾受到上流社会妇女的宠爱。

法国斗牛犬最著名的特征就是有对球拍似的大耳，耳朵根部通常会呈现出直挺的状态，位于头盖骨两侧，俗称蝙蝠耳。骨骼很粗，肌肉发达，拥有平滑的短毛且富有光泽，身体圆而短，前胸饱满，脸是扁扁的纠结成团，看起来总是认真又忧郁的表情。体形上比巴哥犬大一点，照理说应该被分类成玩赏犬，但是和巴哥犬最大的不同点是，法国斗牛犬个性比较敢冲，敢跟牛缠斗，而它们的看家能力也是一流的。

进行"笼内训练"时，待在笼内的时间从 10 分钟慢慢增加至 1 小时，直至数小时。"笼内训练"需要天天执行，千万不要因为狗狗的哀鸣而心软把狗狗放出来。

性格与相处

法国斗牛犬的反应敏锐、动作机警、性情乐观且活泼好动，但因为它天生就是个桀骜不驯的固执家伙，所以在训练上要多花点心思和耐心。它们的自尊心很强，因此尽量用鼓励代替处罚来教育它们。

法国斗牛犬不会随便乱吠叫，相当忠于饲主，但对陌生人会有警觉性的吼叫，即使吠叫，声音并不高亢，所以并不会影响邻居的安宁，而且它的体形不大，非常适合在室内饲养。它们体形虽小，但确有罕见的胆量，看见体形大的犬种也不害怕，所以能担任看门守卫的任务。

饲养与照顾

跟英国斗牛犬类似，法国斗牛犬也有过度肥胖的问题，而且大多数斗牛犬都比较贪吃，饲主应注意饮食的控制并适当运动。短鼻吻的犬种，常容易出现呼吸道方面的问题，也要特别小心照顾。

此外，法国斗牛犬虽属于短毛犬种，但在气候炎热潮湿的情况下，很容易出现皮肤方面的疾病。尤其是眼睛和鼻子四周的皱褶，要经常清洁，保持干燥，避免皮肤问题，饲主一定要特别小心注意。

斗牛犬
Bulldog

　　斗牛犬总是整张脸揪成一团，其实它们一点也不凶恶，反而非常友善黏人。亮晶晶、乌溜溜的大眼睛带着友善、温柔且好奇可爱的神气，很适合作为家庭的伴侣犬。

斗牛犬资料

体形：中型犬

身高：35~40 厘米

体重：20~30 千克

原产地：英国

历史：起源于 19 世纪，1886 年 AKC 正式
　　　认可此犬种。

用途：逗引公牛

性格：驯良

45 天左右的模样

成犬的模样

美国斗牛犬似
箱子般的头形

242

斗牛犬Bulldog

特征

1 方头形。

2 扁脸。

3 竖耳。

4 麒麟尾，尾巴短短卷卷的。

5 下腭不可太凸（戽斗），上腭要包住肉嘴。

6 四肢要短，但不能过短。

7 前肢短，后肢长。

8 短毛，毛色有红色、白色、虎斑和乳牛花。

起源与特色

斗牛犬起源于英国，是一种历史悠久的犬种。13世纪起，英国流传着一种残忍的赌博游戏，让斗牛犬与公牛搏斗，直到斗牛犬咬住公牛的鼻子，致公牛受伤流血、死亡为止，这个赌博游戏直到18世纪才因为过于残忍而被禁止。

其后，斗牛犬朝家犬方向改良血统，挑出"懦弱胆小"的犬种，在刻意的培育下，才成为今日所见的斗牛犬，可是它们的脸形还是当年祖先流传下来的"短鼻扁脸"。据说，这是它们持续咬住公牛的鼻子不放时，还能保持呼吸顺畅的脸形。

现在的斗牛犬除了狠劲已不复见，身形体态都没有太大的改变，也难怪很多人会因为它们的名字及凶恶的长相而误以为它们的脾气不好。事实上，经过百年来的犬种改良，它们不但不凶狠，反而成为相当友善且不乱吠叫的犬种。

斗牛犬扁扁的脸，加上有点"戽斗"的下腭和下垂的脸颊，憨厚可爱。马蹄形的皱纹是它的特色之一，以前在它与公牛搏斗时，牛血会顺着马蹄形的皱纹向下流，而不会影响其视线。

现有的美国斗牛犬是由英国移民携带至美国的斗牛犬改良培育的犬种。在体形差异上，美国斗牛犬的头形更大、更呈方形，而后肢角度更大，奔跑起来体态较为轻盈。美国斗牛犬和原始的斗牛犬个性已有不同，今日的美国斗牛犬对小孩极为友善、温和，且对家庭忠心，但它们对陌生人仍保持警戒护卫的心态，是极佳的家庭守门犬。将它们培育成最佳的工作犬，是狩猎野猪和圈养家禽时的好帮手。

> 狗狗有不在自己的起居处大小便的习惯，可利用此天性先对狗狗进行"笼内训练"，当狗狗在笼内进食完毕后，马上带狗狗到确定的位置上厕所。

性格与相处

斗牛犬的个性温顺驯服且友善温柔，天性爱玩爱撒娇，是小朋友生活中的最佳伴侣。它们不爱吵闹，不会干扰邻居生活，所以很适合公寓环境饲养。

扁扁的脸形让它们很容易打呼噜、流口水，甚至在天热的时候气喘如牛。

饲养与照顾

斗牛犬处于亚热带气候中，若夏天的高温潮湿连续几个月，便容易出现湿疹等皮肤疾病。需注意保持身体的干燥，沾水后记得要立刻擦干，如果任由水分自然干燥，身上的皱褶处就很容易出现红斑点，接着扩散成皮肤病。

过度的潮湿炎热除了容易造成皮肤方面的问题，也可能造成斗牛犬的呼吸不顺畅，严重的则可能导致心脏方面的疾病。因此除了注意环境的温度外，也不建议过度运动，轻松的散步足够了。

此外，因为斗牛犬的头很大，在生产时需要采取剖腹产方式，幼犬的大头才不会卡在产道里，造成母犬有生命危险。

斗牛犬常见的遗传性疾病包括：肘、膝盖、髋关节的障碍，皮肤过敏，眼睑内翻和樱桃眼等。

柴犬
Shiba Inu

柴犬短短浓密的双层毛,卷曲的尾巴,带有日本风格的三角眼,口吻尖尖的似小狐狸及坚挺的三角耳,具有标准的日本犬特征。

柴犬资料

体形:中型犬

身高:36~40 厘米

体重:9~14 千克

原产地:日本

历史:起源于公元前 1000 年,1992 年
　　　AKC 正式认可此犬种。

用途:猎小动物

性格:独立、忠心

别名:丛林犬（Brushwood Dog）

1 岁 6 个月的模样

幼犬时期的柴犬很像小狐狸

柴犬 Shiba Inu

特征

1 长头形。

2 立耳，耳和头的夹角呈45°。

3 拥有两层被毛，外层为刚毛，内层为绵毛。

4 一般尾巴均呈卷曲状。

5 椭圆形的小眼睛。

6 前额宽阔，锥形的吻部。

7 毛色有金黄色、黑色和棕色虎斑色等。

起源与特色

柴犬是日本的原生犬，历史相当悠久，据说大约在3000年前就已经存在了，是日本原生工作犬中体形最小的一种，日文名字就是"小狗"的意思。由于过去的日本相当封闭，所以也保留了柴犬单一独特的血统。直至第二次世界大战结束时，才被当时服务于美国部队的家庭带回美国。

柴犬原本就被训练成猎捕禽类和小动物的猎犬，偶尔也帮助人们狩猎大形猎物，因此天性中习惯警觉地站在山丘上向下俯望，尽管现在成为家中的宠物，它们还是会保有类似的警戒行为。

日系犬种的两大外形特征就是尾巴会卷曲服帖于背上及耳朵呈坚挺的三角耳。柴犬的体形虽小，可是聪明灵敏，精悍朴实的本质却毫不逊于中大型犬，初看如乡间的土犬，却又流露出一股纯真自然的清新气质，极为耐看。此外，它们的被毛短而无体臭，对饲主100%顺从的习性，又不会随意吠叫，即使是饲养在地狭人稠的城市中也非常合适。

柴犬的毛色可分为黑色、赤色、褐色和白色等，以赤色及黑色较为常见。被毛分成两层，外层为刚毛，内层为绵毛。深色系的幼犬或嘴巴附近的深色毛，长大后都会渐渐变淡。柴犬的尾巴一般以卷尾为主，小巧的耳朵和头部夹角为45°。

改善狗狗乱尿尿做标记的习惯,可让狗狗进行绝育手术,少了雄性激素的影响,通常 70% 的狗狗可以自然不再随地尿尿,越晚进行手术效果就会越差。

性格与相处

柴犬的体形小,活力充沛,但个性沉稳绝不会神经质,也不会轻易吠叫。它们看起来总是很纯真机灵,也很聪明,个性独立且有主见。因为天生性格的特点,会对人保持距离与警戒,饲主在饲养前若没有对其个性做好相当的准备,建议不要贸然饲养。

它们不像玩赏犬那样的百依百顺,有时候还挺有个性,也挺会打架的,所以需要适当的训练,同时也要教导家中的小朋友如何与柴犬相处。

饲养与照顾

柴犬的活动力充沛,喜欢追逐游戏,每天都让它们跑上一小段,充足的运动量可保持体态健康。但它们的动作轻盈敏捷,因此出门时一定要牵好,否则以它们的灵巧,可能不一会儿工夫就走失了。

皮肤病方面的问题需特别注意,每天梳毛可减少脱毛的情形。柴犬的双层毛特点使其洗澡时不易淋湿,所以需要多些耐心与时间,因为它们的体味很轻,所以天冷时建议采用擦澡的方式为柴犬清洁身体。

标准贵宾犬
Standard Poodle

标准贵宾犬拥有了贵宾犬特有的蓬松鬃毛，体形完全是玩具贵宾犬的放大版，拥有修长优美的体态和仅次于边境牧羊犬的智商，不仅能轻松记住饲主的生活习惯和常用口令，更能聪慧地依照场合和不同的需要来决定它们的行为。

标准贵宾犬资料

体形：中型犬
身高：38 厘米以上
体重：20.5~32 千克
原产地：西欧
历史：起源于 15 世纪，1887 年
　　　AKC 正式认可贵宾犬种。
用途：捕捉水中猎物
性格：聪明、机灵

前肢修长笔直

体形是玩具贵宾犬的放大版

标准贵宾犬Standard Poodle

特征

1 略圆的头骨。

2 耳朵长而宽，附有卷曲蓬松的饰毛。

3 长而直的吻部。

4 尾巴直立短翘，翘起后最高点与眼睛呈水平状。

7 双层毛，被毛蓬松。

5 比例匀称强壮的颈部。

6 前肢修长笔直，相互平行。

8 后足肌肉强健有力。

9 毛色单一无花纹，有白色、奶油色、褐色、杏仁色、银色、黑色、灰蓝色和红色。

Chapter 5

起源与特色

标准贵宾犬是 3 种贵宾犬中体形最大的犬种。贵宾犬为西欧古老的原生犬种之一，它的历史来源已不可考，但早在公元 30 年希腊罗马时代，就已经在墓穴的壁画和通用的钱币上发现类似贵宾犬的小狗画像了。甚至到了 15 世纪，在西欧各国的文章与绘画中都曾经生动地描绘贵宾犬的形象。

根据 1642 年首份相关文献中指出，贵宾犬的祖先应该是生活在水边的擅长捕捉水中生物的犬种，这样的习性就算是 2000 年后的今天仍保留着，贵宾犬一看到水就跃跃欲试，甚至喜欢到水边嬉戏，都是因遗传因子在驱使。人们相信，贵宾犬与爱尔兰水猎犬、法国巴贝犬及匈牙利水猎犬是源自同一祖先。

Poodle 一词是来自德文的 "pudel"，意思是指 "在水中拨水前进的样子"。目前德国人还是称标准贵宾犬为 "Pudel" 或水猎犬，法国人则昵称它们为 "Caniche" 或 "Duck Dog"，指的都是标准贵宾犬陪伴饲主外出打猎雁鸭，将猎物叼回来的样子。

至于后来发展出不同体形的迷你贵宾犬及玩具贵宾犬，其实都是因为看中贵宾犬极高的智商和亲近人的热情个性所改良的。

有人将标准贵宾犬称之为 "巨型贵宾犬"，其实是比较口语化的称呼，在正式的犬种标准上将 38 厘米以上的贵宾犬通通归类为标准贵宾犬范围，国内目前的标准贵宾犬公犬体形平均都有 60~65 厘米，母犬则为 55~60 厘米的修长体态。

252

不要用手与狗狗打闹，当狗狗开始啃咬饲主的手时，不要有任何反应，当它停止不咬时再继续用玩具跟它玩，并称赞鼓励它，便可改变狗狗咬人的习惯。

性格与相处

尽管相较于玩具体形的迷你贵宾犬，标准贵宾犬目前在国内的数量和知名度都仍不高，但在育犬专家眼里，它们是不可多得的珍贵犬种。在世界级的比赛中总能轻松获得优胜的巨型贵宾犬，除了它修长优美的体态外，仅次于边境牧羊犬的智商更是广受评审青睐的原因，它们不仅能轻松记住饲主的生活习惯和常用口令，更能聪慧地依照场合和不同的需要来决定采取的行为。

标准贵宾犬在外面总是表现得一派优雅且善于交际的样子，回家后也总会主动担当起守卫的职责。只不过到了亲爱的饲主面前，还是会回归它天真、爱撒娇的模样，就算明知不可以，也会趁着空档偷偷钻进饲主的被窝里小小地撒娇一番，仿佛像是个刚过完成年礼的小王子，尽管已有了国王模样的高贵和优雅，私底下还是忍不住偶尔会捣蛋吐舌头般的可爱。

饲养与照顾

标准贵宾犬本身的被毛浓密丰厚，不会脱毛，所以就算养在家里也不会有换季掉毛的困扰，只不过也正因被毛丰厚且独具的防水功能，提醒饲主在替标准贵宾犬洗澡时，要特别注意避免泡沫的残留，并确认里层毛都已完全吹干，才不会对皮肤造成伤害。

波尔多犬
Dogue de Bordeaux

　　波尔多犬是种强壮、充满力量且会给人留下深刻印象的犬种。它们具有压倒性优势的外表，让人看过一眼就难以忘记。它们原本是被培育成警戒和斗狗竞技用的犬种，性格虽然古怪，但却极为忠心，可以说是家庭及饲主的忠诚伴侣。

波尔多犬资料

体形：中型犬

身高：36~45 厘米

体重：58~69 千克

原产地：法国

历史：起源于 14 世纪，1995 年 FCI 正式认
　　　可此犬种。

用途：追踪、打猎、守卫

性格：忠诚、敏感、安静

别名：法国马士提夫犬（French Mastiff）

公犬 3 岁的模样

耳朵长在头骨后方

波尔多犬 Dogue de Bordeaux

特征

1 方头形，大而宽的头骨，比例较短，从侧面看呈梯形。

2 对称的皱褶，微微突起的头骨。

3 眼睛呈椭圆形。

4 耳朵小，颜色比身体其他部分毛色略深。

5 强壮且近似圆筒状的身体。

6 毛质短而光滑。

7 粗壮的尾巴，尖端较细，长度不超过膝关节。

8 宽鼻。

9 口鼻处微凹，突出的腭部。

10 笔直强健的前肢。

11 毛色有淡黄褐色和深红褐色。

起源与特色

　　波尔多犬是古老的法国犬种，又名法国马士提夫犬，来自法国的波尔多区。最初出现在 14 世纪，在 19 世纪时还只存在于 Agui Taine 区，用途是猎野猪。1863 年，第一次法国犬展在巴黎举行，波尔多犬就是用现在的名称参展。波尔多犬在第二次世界大战时几乎绝种，1960 年成立培育计划才再次蓬勃起来。犬种认证上可确定的推论为波尔多犬是来自马士提夫犬和西班牙马士提夫犬的交配犬种，这点由波尔多犬仍保有强健体格和凶猛的马士提夫犬特性可知。

　　波尔多犬是种强壮、充满力量且能给人留下深刻印象的犬种。36~45 千克的体重，配上 58~69 厘米的身高，具有压倒性优势的外表，让人看过一眼就难以忘记。它们原本是被培育成警戒和斗狗竞技用的犬种，性格虽然古怪，但却极为忠心，可以说是家庭及饲主的忠诚伴侣，是极佳的守卫犬。有研究显示，越是凶猛的狗越忠心。在英国明令禁止饲养波尔多犬。

　　波尔多犬骨骼发达，肌肉强健；方头形，大而宽的头骨，脸部布满皱纹；额头处微凸，两眼睛中间有深凹的曲线；眼睛呈椭圆形，鼻子较宽且鼻孔较大，鼻孔可以朝上但不可以朝下；全身被毛短，光滑且浓密。

幼犬和老犬的膀胱括约肌控制力较弱，而且情绪易激动，所以容易有漏尿的情形。结扎后的狗狗因激素不足，可能影响膀胱括约肌的控制，也较容易出现漏尿的情形。

性格与相处

波尔多犬可以说是上天赐给警戒者的礼物，警戒是它们天生的习性，它们也拥有绝佳的勇气，外形虽然霸道，但它们却不具有过大的侵犯行为，公犬常具有领域性的行为。波尔多犬需要从小给予社会化训练，而且饲主需要对它们健壮的体格有掌控的能力，以避免在无法控制下造成误伤陌生人的情况。

波尔多犬天生无法与其他犬种和平相处，但性格上安静且敏感的它们却会与饲主产生亲密的情感，而且对小孩很友善。它们很少吼叫，不喜欢独处，需要给予大量的活动。

饲养与照顾

波尔多犬其实并不适合作为居家犬，它们需要较大的活动空间与大量的运动，因此饲主需要每天带它们出去活动，才是让它们最健康的饲养方法。但因为它们太好动，所以外出时要牵好，免得太热情吓到陌生人。

波尔多犬有 10~11 年的寿命，不怕冷、不怕热，被毛不需要特别的护理与照顾，只是它们喜欢咬东西，需注意避免让它们乱吃，否则会引发肠胃方面的问题。

台湾犬
Taiwan Dog

　　台湾犬是中国台湾的本土犬种，轻巧利落的外形，机警内敛的性格，是早期农村生活中不可或缺的看守犬，其忠心护主的形象早已烙印在当地人的心中。2004 年，台湾犬获得世界畜犬联盟认可，得以跃升于国际舞台展示其优良的血统。

台湾犬资料

体形：中型犬

身高：43~52 厘米

体重：12~18 千克

原产地：中国台湾

历史：2002 年 AKC 正式认可此犬种，2004 年
　　　FCI 正式认可此犬种。

用途：猎犬、看守犬、家庭犬

性格：忠诚、敏锐、机警

虎斑花色母犬 5 个月的模样

黑色公犬 10 个月的模样

虎斑花色公犬 5 个月的模样

台湾犬 Taiwan Dog

特征

1 头盖骨的长度比口吻的长度稍长，约为 5.5∶4.5 的比例。

2 三角形的头部，前额处宽阔呈弧状，无皱纹。

3 耳朵薄且竖立，耳内缘呈直线，耳外缘呈弧状。

4 身体结实、强健的肌肉，体形略长。

5 尾部有漩涡状毛流。

6 镰刀状尾巴，毛紧密，根部高。

7 杏仁眼。

8 吻部由口吻的根基处开始向前，到鼻端略微收窄，但不呈尖锐的细长状。

9 刚硬的短毛，毛长 2.5~3 厘米。

10 多种毛色，有黑色、白色、赤色、虎斑色、黑白花、赤花色和虎斑花等。

Chapter 5

起源与特色

  台湾犬是中国台湾本土最原始的犬种，AKC 于 2002 年 1 月 4 日公布认定通过的台湾犬登录标准。1980 年，由台湾大学、日本岐户大学及名古屋大学的学者共同合力研究，以台湾原始犬为目标的调查报告中，访问中国台湾地区原住民 29 支原始部落，所调查出来的结果，推断台湾犬是最早在南亚洲的中国台湾中央山脉地区，居住的原住民饲养的狩猎犬的子孙后代。

  台湾犬早年是当地先民的最佳、最忠实的伙伴。经过 KCT 的台湾犬推广委员会多年来的努力经营及各界的促成，终于在 2004 年 11 月 10 日 FCI 理事会在京都会议中，承认并登录"台湾犬"为其认定的 331 种世界犬类之一，自此台湾犬也有了世界一致的认定标准，并得以保存其优良的血统，与其他犬种在世界舞台上竞逐。现今所谓的台湾犬，并非是泛指在中国台湾地区成长的犬类，而是自远古即在中国台湾地区生活，并且与当时的居民共生共荣，相依为命且留传至今的犬种。台湾犬可依地形分为平地犬与高山犬：高山犬可分类为（由中国台湾的山脉而命名）雪山山脉犬、中央山脉犬、玉山山脉犬、东海岸山脉犬及阿里山山脉犬五大系统；平地犬则分类为平地犬系统与大陆华南犬系统。高山犬种以当地原住民族之泰雅犬与布农犬为主，所以台湾犬三大分类为平地犬、泰雅犬与布农犬。

  虽有这样的种系分类，但目前，通过 FCI 的犬种认证标准后，台湾犬已有了统一的体形犬种标准。三角头、蝙蝠耳、镰刀尾、高弓腰及黑舌斑，是台湾犬的外形特征。它灵巧干练结实，可自如穿梭于荆对幼犬来说,追着自己的尾巴咬是一种游戏方式,而游戏行为在狗狗的行为发展过程中,扮演了非常重要的角色。小狗狗偶尔追着自己的尾巴咬是正常的。

棘草林之中,属于体形利落的短毛中型犬。台湾犬对饲主有极高的忠诚度,眼神内敛、成熟而略带狂野,独有的机灵与深沉诉说着其与生俱来的敏锐及机警,动作敏捷,而且非常勇猛大胆而无所畏惧。早期与原住民生活在山上,它们是狩猎的好伙伴,身形虽小,但是面对凶猛且獠牙巨大的山猪无丝毫惧色,可以五六只一起撂倒一只山猪,是一种非常勇敢护主且灵性很高的犬种。

性格与相处

作为一只家庭伴侣犬,台湾犬智慧早熟,善解人意,亲和力佳,服从性亦很高,个性强,建议从小饲养。

教养训练方面,因其领悟力极强,从幼犬时即可开始教导。生活习性极好,绝不会在自己居住的屋旁大小便,不随意乱吠;记忆力好,听觉敏锐,嗅觉特佳,领域性很强,很适合作为一般家庭的伴侣犬,如稍加以专门的培训,也可成为极优秀工作犬。

饲养与照顾

台湾犬属杂食性犬种,饲养简单,少病症,无体臭,不需要特别的照顾,也可自在的生活,因其仍存在少许山林生活的野性,如饲养在公寓中,每天需要给予适量的运动发泄。

沙皮犬
Shar Pei

　　沙皮犬最大的特征在于全身的皱褶，被毛短而硬及像是"河马嘴"般的肉嘴，外形看起来很忧郁，其实个性非常开朗活泼且顽皮好玩，对饲主忠实诚恳，是很好的家庭伴侣犬。

沙皮犬资料

体形：中型犬

身高：46~51 厘米

体重：16~20 千克

原产地：中国

历史：起源于 16 世纪，于 1966 年被进口到美国，
　　　1991 年 AKC 正式认可此犬种。

用途：斗犬

性格：独立

2 个月的模样

1 岁 10 个月的模样

沙皮犬 Shar Pei

特征

2 眼睛很小。

1 方头形。

3 短耳，呈小三角形贴在头上。

4 圆尾巴高举在背上。

5 鼻黑。

6 呈紫色或有斑点的舌头为佳。

7 像河马嘴般的肉嘴。

8 圆圆的足掌。

9 毛色有土色、黑色、红棕色和金黄色。

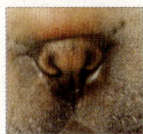

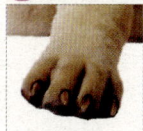

起源与特色

沙皮犬发源于中国，据说最早的记录可追溯至汉朝，传说是由马士提夫犬和某种北欧犬种交配而成。汉朝的时候就已经有沙皮犬的画像了。也有人认为其发源于中国的北方，当时体形远比现在大得多。另有资料指出，沙皮犬的祖先是某种劳役犬，此犬种一直存在于中国南方的沿海省份。

沙皮犬最大的特征在于皮肤及像"河马嘴"般的肉嘴。在过去是被饲养来作为斗犬，据说为了在斗狗时产生威吓作用，让对方很难下口撕咬，才培育出这种松弛的皮肤。曾经有一段时间，沙皮犬在中国濒临绝种边缘，后通过中国香港与中国台湾的犬种培育者的努力而得以保存下来。

沙皮犬的头稍大，它们的眼睛很小，耳朵也很小，像小三角形贴在头上。沙皮犬的舌头最好是以紫色的或有斑点的为佳。

沙皮犬小的时候非常可爱，软呼呼的身体及粉嫩的皮肤非常吸引人。长大之后，它们的皮肤还是一样有皱褶，但是脸部会变得比较黑，变得比较成熟。

如果狗狗不小心在错误的地方上厕所，可以用稀释过的漂白水清洗，以去除排泄物的气味，不要抓着狗狗去闻它的排泄物或大声责骂它，这样只会造成反效果。

性格与相处

沙皮犬的外形看起来很忧郁，总是皱着眉垂着眼，其实它们的个性非常开朗活泼且顽皮好玩，对饲主很忠实诚恳，是一种让人感到很贴心的犬种。

它们没有很强烈的攻击性，但也不是很好教育的犬种，因为它们的个性独立，经常有自己的想法，喜欢沉浸在自己的世界中。

饲养与照顾

沙皮犬最大的问题就在于皮肤，皱褶与皱褶间需要保持干净，定期洗澡，在饲养前就要先了解预防狗狗患皮肤病的知识。湿热的季节需特别注意保持环境干燥和清洁，而怕热的它们在夏天需要清爽通风的空间。

它们有天生的体臭，切记不要因此天天帮它们洗澡。它们天生油脂分泌旺盛，容易有体臭的问题。若饲主不理解，为了解决体臭而拼命帮沙皮犬洗澡以去除味道，反而会加速油脂分泌，形成脂溢性皮肤炎。其实只要每天给予早晚各30分钟的外出运动晒太阳，利用阳光照射来减缓病症，皮肤的问题即可得到解决，但要注意也不宜过度的日晒，否则可能会造成狗狗休克。

眼部周围的皱褶和下垂的皮肤，容易出现睫毛内翻的问题，严重时需要开刀治疗。

萨摩耶犬
Samoyed

萨摩耶犬脸蛋长得像狐狸犬，体形却又比狐狸犬大得多，一身蓬松亮丽的长白毛，总让人误认为是大白熊犬，体形却又比大白熊犬小一点。永远笑脸迎人是它最大的特征。

萨摩耶犬资料

体形：大型犬
身高：46~56 厘米
体重：23~29.5 千克
原产地：俄罗斯
历史：起源于 17 世纪，1906 年 AKC 正式
　　　认可此犬种。
用途：雪橇犬、狩猎犬
性格：善良、耐劳

刚出生 9 天时最明显的特征就是小而圆的耳朵

脸部的毛较短，长毛的部分会延伸至眉间

萨摩耶犬 Samoyed

特征

3 厚实展开的圆耳朵。

4 拥有御寒的外层长毛和如羊毛般的细密内层绒毛。

6 长而毛量丰富的尾巴。

5 挺直的腰部。

2 如杏仁般的黑眼睛。

1 长头形。

7 尖嘴。

8 胸部健壮且宽阔。

10 后肢肌肉肥厚。

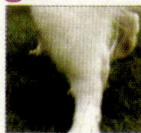

9 毛色有白色、白色夹灰棕色、奶油色和灰棕色。

267

Chapter 5

起源与特色

萨摩耶犬原产于西伯利亚寒冷的极地地带，由于被当地的原住民"萨摩耶族"所驯养而得名的，而由其脸形特征亦可印证，萨摩耶犬拥有狐狸犬的血统。

萨摩耶族用它来保护驯鹿、猎羚羊、拉雪橇，也将它们作为家庭陪伴犬。萨摩耶犬直到19世纪才传入欧美地区。萨摩耶族长期在恶劣的环境下生活，因而具有强悍且耐力十足的性格，而所饲养的萨摩耶犬也因而拥有同样的性格。传入欧美后，萨摩耶犬刻苦耐劳却又温和良善的个性与可爱的外形，征服了所有人的心。

因为萨摩耶犬具有刻苦耐劳的精神和体力，而被选中参与极地考察探险的活动。而萨摩耶犬最让人津津乐道的事迹，就是它们曾被南极探险家斯各特（Scott）和阿蒙（Amundsen）当做工作伙伴，一同在南极冒险的经历。

萨摩耶犬头部长，呈楔形，颅骨宽，前额面到鼻端变尖，类似野狼，这是北极地区犬种的最主要血统特征。严酷的环境让萨摩耶犬具有强大的力量、健壮的身躯与结实的肌肉，尤其是后肢肌肉肥厚，动作敏捷而迅速。一身丰厚的被毛，包括御寒的外层长毛和羊毛般的细密内层绒毛。毛色有白色、白色夹灰棕色、奶油色和灰棕色。脸部毛较短，长毛的部分延伸至眉间，形成逗趣的表情，厚实而展开的圆耳朵是其最大的特征。

要改善狗狗狂奔的问题，需要对狗狗进行基本服从训练，包括坐下、停止、等待、回来及跟随饲主步伐等指令，才能避免狗狗在马路上狂奔或乱冲。

性格与相处

萨摩耶犬不只长相可爱，温和良善，个性也很独立。拥有"微笑犬"之称的萨摩耶犬，任何时候总会给人带着如阳光般微笑的感觉，就因为萨摩耶犬温暖的笑脸，让体形颇大的它成为家庭的宠物犬，受到人们的宠爱。

饲养与照顾

萨摩耶犬一身白色长毛，虽没有体味，但在照顾上并不容易，长毛容易脱落，不但每天需梳毛整理，吃饭和玩耍时也需留意以避免弄脏。

萨摩耶犬精力充沛，机灵活泼，执行极地任务时需要长时间奔跑，因此，它们需要天天运动，才能消耗它们的精力。生长于寒带的萨摩耶犬非常怕热，夏天需特别注意环境的通风，以免中暑。

松狮犬
Chow Chow

松狮犬拥有像小熊般可爱的外表，第一眼看到它的人，都会想热情地拥抱它。但实际上，它们的性情令人难以捉摸，会冷不防地狠咬想要亲近它的人。

松狮犬资料

体形：大型犬

身高：46~56 厘米

体重：20~33 千克

原产地：中国

历史：起源于 2 世纪，1903 年 AKC 正式
      认可此犬种。

用途：警卫犬，拉车

性格：忠心、防卫心强

幼犬时毛质较软

舌头为蓝紫色

松狮犬 Chow Chow

特征

3 耳朵小, 呈竖立的三角形。

4 毛色有黑、红棕、乳白和蓝灰色。

6 尾巴往上卷起, 服帖于背上。

1 圆头形。

2 眼睛小, 呈杏仁形, 毛色淡的松狮犬, 眼睛为灰白色。

5 被毛厚, 为双层被毛。

7 吻部短, 黑鼻。

9 四肢结实。

10 似猫足的小圆足。

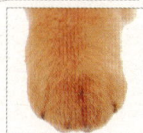

8 舌头呈蓝紫色。

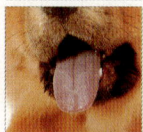

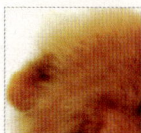

271

Chapter 5

起源与特色

　　松狮犬源产于中国，相传发源地为蒙古。也有人认为松狮犬的祖先为来自北方的狐狸犬、萨摩耶犬及西藏獒犬。从松狮犬尾巴向上服帖于背上这一点来看，的确和狐狸犬（尾巴也是向上服帖于背上）的特征很相似。

　　黑色的松狮犬和马士提夫犬在外表上，乍看也有几分神似，性格上的共通点是都很忠心于饲主，而且对陌生人的防御性很强，是一种不易让人亲近的犬种，只不过松狮犬的外表较可爱，幼犬时毛质蓬松而软，外形像极了小熊，让人一看就想要抱抱它，而忽略了它们天生凶猛的野性，以为它们是很容易亲近的。实际上，松狮犬的个性不易与人打成一片，只会对熟悉的人释出善意，属于较为冷漠的犬种。

　　2000年以前，中国的陶器上就出现了松狮犬的图案，在当时的社会，松狮犬属于凶猛的工作犬，时常担任狩猎、牧羊和拖拉物品等工作。18世纪时，松狮犬被引进英国。关于松狮犬的英文名字"Chow Chow"的由来，据说是取自于当时从东方向英国运货的货船名称。

　　松狮犬最大的特征是厚而黑的肉嘴和呈蓝紫色的舌头，在成犬身上尤其明显。吻部短、眼睛小，耳朵呈三角形竖立；四肢结实，尾巴服帖于背上；毛色多为黑色或红棕色。

　　松狮犬一胎可生4~5只幼犬，有些黑色松狮犬幼犬时期，脖子周围会有一圈白色的毛，像是在脖子上围了一条领巾似的，臀部两侧也会有明显的两块白毛，但成犬后，白毛会渐渐褪去，呈全黑的毛色。

在确定狗狗完全学会基本的服从训练之前，外出时，一定要为狗狗戴上项圈与牵绳，绝不能放任狗狗奔跑，以确保狗狗的安全。

性格与相处

松狮犬有一张憨厚可爱的脸，个性相当忠实于饲主，但对陌生人的防御性很强，与人不易亲近。对于陌生人有戒心，只会对熟悉的人释出善意，属于较冷漠的犬种。松狮犬有时甚至会冷不防地狠咬想要亲近它的人，连时常接触各犬种的动物医师或美容师在帮松狮犬看诊或洗澡时，也多少会对这种性情难以捉摸的犬种心生畏惧。

饲养与照顾

松狮犬因为拥有蓬松的被毛，所以照顾上需要每天梳毛，洗澡时需彻底吹干，才能让里层的毛发保持干爽，减少皮肤病的产生。

除了会有皮肤病的问题，眼疾也是松狮犬较易患的疾病。由于松狮犬的眼睛很小，眼窝又呈凹陷状态，再加上脸部周围的毛发又多又长，所以稍不留神，眼睛就容易受伤。

此外，眼屎多且口水流不停也是松狮犬的特征，饲主需要经常替狗狗擦拭眼部和嘴部周围的被毛，以保持清洁。松狮犬拥有先天的好体力及强壮的身躯，食量不大，不过仍需每天固定做运动，才不会过度肥胖。

大麦町犬
Dalmatian

大麦町犬肌肉发达、四肢强健有力、喜欢到处探索、充满活力、行动敏捷、喜欢户外运动且个性相当热情，对饲主很依赖，能安慰饲主的心。

大麦町犬资料

体形：大型犬

身高：48~58 厘米

体重：23~25 千克

原产地：克罗埃西亚

历史：起源于 15 世纪，1888 年 AKC
正式认可此犬种。

用途：马车犬

性格：机敏、热情

被毛平滑有光泽

出生时是白色的，之后慢慢长出黑点

大麦町犬Dalmatian

特征

2 耳朵大小中等，呈锥形，耳尖为圆弧状。

3 毛色底色是纯粹的白色，黑色的斑点。

4 短毛且浓密。

5 尾巴根部粗壮，向末端逐渐变细。

1 长头形。

6 斑点圆而清晰，大小合适且分布均匀，耳朵上最好有斑点且适当地分散。

7 笔直的前肢。

8 像猫般的圆弧足。

9 略呈弧形的后肢。

275

Chapter **5**

起源与特色

　　取名为大麦町犬是因为它们源自克罗埃西亚共和国的"大麦町"（地名）。真正的来源已不可考，不过据说在古埃及的壁画上就出现过类似的绘画，应是相当古老的犬种。据说，祖先犬中有指示犬的血统。

　　不过大麦町犬出名的地方既不是擅打猎，也不是能守卫，而是跟随马车。除了装饰好看之外，也可以保护马车上的人和财物的安全。它很喜欢与车辆比赛，喜欢与马匹为伍，这是大麦町犬的天生性格。据说，它们一天可以跑约48千米。大麦町犬除了是著名的马车犬外还可作为军用犬、猎犬和拖车犬等，可说是万能犬。

　　大麦町犬的外观特征就是因白底带黑色或灰色的斑点而著称，而且斑点越多越好。在卡通片和电影《101忠狗》的热播之下，大麦町犬声名大噪，一度成为炙手可热的宠物。电影《101忠狗》的剧情的开端，就是因为大麦町犬的被毛太美丽，成为制作皮草的最佳材料，因而差点断送性命。但是它们刚出生时毛色是纯白的，几乎没有什么斑点，通常都是长大之后，斑点才会渐渐浮现出来。

　　大麦町犬拥有类似指示犬的身形，线条优美，肌肉发达，修长的头部与吻部，鼻子应当是黑色或棕色，与身上的斑点互相搭配。眼睛有黑斑点的犬，应为黑眼睛并且周围有黑斑。棕色斑点的犬，其眼睛须呈琥珀或棕色。耳朵较高，耳尖为圆弧形，有斑点的为佳。尾巴可以伸到关节的高度，且以有斑点为佳，尾巴有点上弯，但不要卷曲。被毛短而浓密。斑点呈棕色或黑色（但不要两种颜色皆有），呈圆形，大小匀称。

年轻的公犬常见的乱尿尿问题，通常属于领域性的"标记行为"，狗狗为了表现它的存在，会在活动范围内尽量用尿液来进行标示。

性格与相处

大麦町犬的个性相当热情，对饲主很贴心又依赖，很能安慰人的心，是很好的居家伴侣犬。它们肌肉发达、四肢强健有力、喜欢到处探索、充满活力、行动敏捷且喜欢户外运动，非常适合个性外向活泼的人饲养。它们生性聪明、个性安静、敏感且听话，属于防御本能较强的狗，也是值得信赖的看门狗。

大麦町犬虽然是中型狗，但是个性比较敏感机警，也比较容易神经质，大概3岁半以后，性格才会比较稳定，因此饲养之前需考虑清楚。

饲养与照顾

大麦町犬的被毛较短，即使不常梳理也能维持清洁的形象。其身体强健，对环境的适应能力极佳，易于饲养。

大麦町犬为了保持优美的身形，需要较多的运动来发泄精力。另外，应给予适当的训练，否则会出现破坏或吠叫的问题。饲主本身最好要懂得一些基础的服从训练，在饲养时会比较得心应手。

拳狮犬
Boxer

　　拳狮犬有厚厚的肉嘴和无辜的表情，外表看起来凶狠好斗，实际上是相当温和且有责任感的狗狗，能够担当保护家园与家中开心果的双重角色。

拳狮犬资料

体形：大型犬

身高：50~65 厘米

体重：25~32 千克

原产地：德国

历史：起源于 19 世纪，1904 年 AKC 正式
　　　认可此犬种。

用途：斗引公牛、警卫犬

性格：活泼、温和

在幼犬时期以吸管、卫生纸和白胶等为其耳朵塑形

脸部的白色的倒"Y"字形像戴了面具一般

拳狮犬 Boxer

特征

1 方头形，有如戴面具般的脸部。

2 剪过耳的耳朵在塑形后，会呈竖立状，尚未定型的耳朵呈自然下垂。

3 眼眶呈黑色。

4 肉嘴厚且下垂，肉嘴附近肤色有一圈粉红色。

5 被毛短而有光泽。

6 尾巴短而立。

7 面部有两块色斑，宛如戴了一个面具。

8 脖子及胸前的毛呈白色。

9 毛色有乳黄色、虎斑、浅棕色。

10 背部结实，腹部弧线优美。

11 四肢粗壮且呈白色。

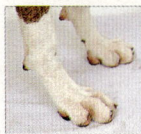

起源与特色

拳狮犬来自德国，19 世纪后期，由马士提夫犬与斗牛犬交配育种而成。德国的培育者希望能培育出一种理想的警犬，体形健壮但轻盈具弹跳力，而且勇猛不畏惧，拳狮犬正好符合这样的要求。

据说，拳狮犬的起源是比利时常被用来捕猎大型猎物的原生犬，后来原生犬与马士提夫犬及斗牛犬交配，因而培育出拳狮犬，起初作为斗牛犬，但经历的时间很短。而拳狮犬名称的由来是因为它们在争斗时，习惯将前肢如同拳击般向前伸出，因而取名"拳狮犬"。

拳狮犬拥有结实健美的体形，四肢粗壮，背部结实，颈部没有赘肉，腹部弧线优美，整个外形比例十分协调。拳狮犬的步伐坚定有力，移动时显示出其精力充沛的一面，个性稳定且敏锐，是很好的守卫犬、工作犬与伴侣犬。

拳狮犬轮廓分明的头部是它们的特征。宽广看起来有点迟钝的脸部，眼眶周围有一圈黑色，肉嘴厚且垂下，鼻子上翻，让人看过就无法忘记。

拳狮犬的耳朵原本是垂耳，在美国和日本为了使它参加比赛，饲主会帮狗狗进行剪耳和断尾，但在英国则保留其原型。为了参赛，拳狮犬在出生后 3~7 天就要进行断尾，而在 2 个月左右就要开始剪耳，一旦犬种的耳朵定型之后，双耳会靠得很近，变得很挺，尾巴则短而直立。因此立耳且短而挺的尾巴也是拳狮犬的特征。

拳狮犬的毛色多为褐白色，面部有两块色斑，宛如戴了一个面具，脖子、前胸及四肢的毛色呈白色。被毛短而富有光泽，尾巴高耸。

若狗狗在成长的过程中与人的互动不足，会造成社会化不足的问题。不论遗传上是否有较强的防卫心，若能尽早提供适当的社交环境，仍可以修正其过度敏感的行为。

性格与相处

它们的性情极为乖巧温和，也相当活泼顽皮，厚厚的肉嘴及无辜的表情像极了不服输的硬汉。它们兼具活力与机灵，但同时又显得优雅而有个性。它们易管教，也很有责任感，很适合作为警卫犬或守护犬。

饲养与照顾

拳狮犬的体形健壮匀称，为了保持健康的曲线，饲主需要每天带它们到空旷的场地运动，才不会让狗狗的身材走样。饲养拳狮犬最注重的是避免四肢变形。

因为它们的被毛短而光滑，不似长毛的犬种会有毛发打结、易生跳蚤及皮肤病的问题，照顾起来比较轻松。此外，短毛犬秋冬时要特别注意保暖，而酷热的夏天也会让它们受不了，需保持空气流通凉爽。

罗威拿犬
Rottweiler

　　罗威拿犬巨大粗壮的身形，覆着深沉具威胁性的被毛，勇猛善战，浑身散发出无人能挡的坚定和自信。它们个性机警聪明，充满自信且不怕危险，非常适合担任保卫性质的工作，但因地域观念强，所以需从小给予良好的训练。

罗威拿犬资料

体形：大型犬

身高：56~68 厘米

体重：41~50 千克

原产地：德国

历史：起源于 19 世纪，1981 年 AKC 正式
　　　认可此犬种。

用途：警犬、护卫犬、驱赶牛群

性格：机警、地域观念强

别名：罗德维拉犬（Rottweiler Metzgerhund）

公犬 7 个月的模样

幼犬的模样

罗威拿犬 Rottweiler

特征

1 方头形，弧形的前额。

2 头部宽，前额有轻微的皱纹，脸部有对称的褐色斑纹。

3 耳朵距离较宽，呈三角状且垂靠近脸部。

4 尾巴上扬微卷。

5 胸部有对称的褐色斑纹，宽而色深。

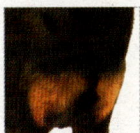

6 四肢内侧有对称的褐色斑纹。

7 毛色为黑色，带有明显的褐色或深棕色斑纹。

8 后肢比前肢大，后肢宽而有力。

起源与特色

罗威拿犬是最古老的犬种之一，真正的起源目前尚无定论，有一种说法是，古罗马的马士提夫犬是罗威拿犬的祖先，其体格壮硕，听从命令且拥有良好的防卫本能，曾跟着军队一起翻山越岭，负责保护作为士兵粮食的牛只及在夜间担任守卫军营的工作。又因为罗威拿犬的力量大，所以也被用来拉货车和拖运物品。

德国人认为，罗威拿犬是由德国罗威拿镇的屠夫培育出来的，因此命名为"罗威拿犬"。罗威拿镇当时是贩卖牛只的重要地点，勇猛的罗威拿犬的主要工作就是保护牛只，有的饲主还会将交易的金钱绑在罗威拿犬的脖子上，以防止被强盗抢夺。

早期的罗威拿犬被用来护卫饲主和饲主的财产免遭入侵者的侵袭，对人们的贡献极大，但随着时代的变迁及生活质量的改善，罗威拿犬原本的功能已不被需要，导致饲养罗威拿犬的风气渐渐衰退，19世纪初期它们还曾面临绝种的危机。后来，罗威拿犬被训练为警犬和军用犬，增加了它们的功能性，于是其再度受到人们的重视。

体形巨大，黑色带有褐色区块的被毛，让体形高壮的罗威拿犬看起来更加沉稳威武，事实上，罗威拿犬也的确是不能让人轻易接近的犬种。一般人常误以为它们凶狠会攻击人，但罗威拿犬会出现失控行为，主要是因为饲主对它的教育不当。罗威拿犬是需要接受训练的犬种，它们的个性稳定、理解力强且对饲主友善并服从，属于容易训练的犬种。一切训练最好从幼犬时开始，加上罗威拿犬的地域观念强，若没有施以良好的社会化训练，日后只要遇到陌生人或其他动物，就会在讲究卫生健康的情形下，狗的趾甲通常 3~5 天就可以修剪一次，但每只狗狗的趾甲成长速度快慢不一，也可以每 10 天修剪一次。

激起它们保卫家园的心，变得具有攻击性，这点是饲主需要特别注意的。罗威拿犬在国外除了作为护卫犬外，还被用来当做导盲犬或狗医师。由此可见，只要施以良好的训练，罗威拿犬绝对能与人亲密地生活在一起。

性格与相处

对罗威拿犬从小开始训练非常重要。罗威拿幼犬个性相当活泼开朗，而且正值认人阶段，这时候的训练方式决定着狗狗未来的个性及能力。如果要罗威拿犬成为家庭犬，就要在狗狗 1 岁以前，让它们多与陌生人和其他狗接触，建立它们对其他事物的信任感，而当它们出现莫名吠叫或不当的啃咬行为时，一定要明确制止，否则长大后会难以控制。

罗威拿犬个性机警聪明，充满自信且不怕危险，非常适合担任保卫性质的工作，对饲主相当忠诚，虽然平时看起来慵懒，但只要一有状况如饲主遇到危险，它们会以最快的速度来保护饲主。又因其具有热心工作的性格，无论是哪种工作，它们都会尽力完成。

饲养与照顾

罗威拿犬除了在幼犬阶段肠胃较弱，喂食上需多留意外，定期的除虫和施打预防针是不能少的。基本上，罗威拿犬的生命力很强，照顾上并不费力，而且它的运动量不大，一般散步就足够了。但教育训练是非常重要的一环，饲主期待罗威拿犬会成为怎样的狗狗，一切都依赖饲主的培育方法而定。

秋田犬
Akita

　　秋田犬是在300多年以前就已存在于日本的犬种，其刚毅坚强的性格和不屈不挠的个性，似乎正是日本人所推崇和追求的。因此，秋田犬在日本人的心中，一直占据着重要的地位。

秋田犬资料

体形：大型犬

身高：58~70 厘米

体重：25~40 千克

原产地：日本秋田县

历史：起源于 17 世纪，1972 年 AKC
　　　正式认可此犬种。

用途：狩猎、守护

性格：稳重、独立

别名：日本秋田犬（Japanese Akita）

虎斑色幼犬的模样

赤色成犬的模样

秋田犬 Akita

特征

2 眼睛上方与两颊会有一圈明显的白毛，眼睛呈杏仁形。

4 尾巴卷曲服帖于背上。

1 长头形，头部宽大

3 毛质属于刚毛，比较优良的秋田犬身上的毛会一根一根地竖立。

5 嘴尖。

6 四肢及身体结实强壮。

7 毛色有虎斑、赤色和白色。

Chapter **5**

起源与特色

　　秋田犬的发源地为日本的秋田县，相传在1630年，秋田地区的日本人为了能培育出一种能鼓舞士兵士气的斗犬，于是将秋田犬的祖先与当地的土犬进行交配，但当时繁殖出来的秋田犬体形比较小，后来经过好几代不断地繁殖与改良后，才渐渐繁殖出现在的秋田犬体形。

　　秋田犬由于动作敏捷，身强体健，即使在酷寒的气候下，仍然可以跟着饲主外出工作，因此，当时的秋田犬大多作为狩猎用。如今的秋田犬则被广泛应用于守护犬、看门犬和伴侣犬。秋田犬至今仍是日本最具代表性的古老犬种之一。

　　秋田犬分为日系秋田犬与美系秋田犬两种。美系秋田犬是在第二次世界大战时，由美国人从日本引入到美国并给予改良与繁殖的，其犬种和日本的犬种已有很大的差别。

　　秋田犬的头部宽大，嘴尖，眼睛上方与两颊会有一圈明显的白毛，眼睛呈杏仁形，尾巴卷曲服帖于背上，四肢及身躯结实强壮。常见的毛色有虎斑、赤色和白色等。虎斑毛色的秋田犬四肢有白色的毛，俗称"穿白袜"。它们的毛质较粗，比较优良的秋田犬身上的毛会一根一根地竖立。

性格与相处

　　秋田犬个性十分沉着稳重，看到陌生人时会发出示警的吠叫，一旦确定陌生人为饲主的朋友，就会停止吠叫，是非常机灵的犬种。因此，早期饲养秋田犬的人大多将秋田犬作为看门犬，防止小偷入侵。

秋田犬与柴犬的特征差异

特征	秋田犬	柴犬
面部及两颊的白毛	毛色为赤色的秋田犬，眼睛上方与两颊会有一圈明显的白毛	眼睛上方的毛色比较接近毛色，两颊的白毛也较少且较淡
眼睛	眼睛小而呈杏仁形，也有人称之为桃花眼	眼睛较大，呈橄榄球形
四肢呈白毛	四肢为白色的毛，毛色是虎斑的秋田犬更为明显，远看像是穿了白色的袜子，因此又称为"穿白袜"	四肢上的白毛较少，大部分和毛色相同
体形	体形明显比柴犬大且壮硕	体形略瘦

　　早期的秋田犬具有野性，让人不易亲近，经过不断地改良后，如今的秋田犬个性都变得比较温驯了，即使被长时间关在笼子里或用拉绳栓住，也很少吵着饲主要出去玩。和孩子气且玩心重的黄金拾猎犬及拉不多拾猎犬等大型犬相比，秋田犬的个性就显得比较内敛，像一个成熟的男子汉。它们即使在散步时，遇到个头娇小却相当喜欢挑衅的吉娃娃犬，秋田犬仍然会保持稳若泰山的模样，完全不把吉娃娃犬放在眼里，只管昂首阔步地离开。不过，秋田犬如果遇到和它同体形犬种挑衅时，也会不甘示弱地反击。这就是极具魅力且不喜欢欺负弱小的秋田犬。

饲养与照顾

　　由于秋田犬不适应闷热的环境，若长期处于不通风的环境中，容易出现皮肤疾病问题，因此保持居住环境的通风和干燥非常重要。

　　秋田犬的毛属于短毛，整理起来很方便，如果每天有带它出去散步的习惯，饲主要记得回家后，准备湿毛巾为狗狗擦拭四肢。秋田犬的体味淡，在寒冷的冬天里可减少洗澡的次数，只要将毛巾蘸温水帮狗狗擦拭身体即可。

西伯利亚哈士奇犬
Siberian Husky

西伯利亚哈士奇犬昂然沉稳且带点傲气的神态，再加上有主见的个性，给人高贵野性的神秘感。它们锐利的眼神，看似很冷漠，其实脾气相当温和，一点都不凶猛。

西伯利亚哈士奇犬资料

体形：大型犬

身高：51~60 厘米

体重：16~27 千克

原产地：俄罗斯

历史：起源于 19 世纪，1930 年 AKC
正式认可此犬种。

用途：拉雪橇

性格：忠诚、活力、开朗

别名：西伯利亚雪橇犬、北极爱斯基摩犬
（Arctic Husky）

40 天左右的模样

3 个半月的模样

1 岁 8 个月的模样

西伯利亚哈士奇犬 Siberian Husky

特征

2 有蓝眼及棕眼两种，甚至有的哈士奇一眼呈蓝色，一眼呈棕色。

3 立耳犬，两只耳朵中间的距离越近越好。

4 厚实且浓密的尾巴。

1 长头形，长长的吻部。

5 毛色有棕白、黑白、银白和巧克力白。

6 修长的四肢。

7 有蹼且毛皮丰满的椭圆形足。

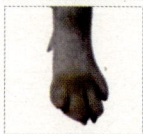

291

起源与特色

西伯利亚哈士奇犬源自于西伯利亚。俄罗斯现在的工作犬，与萨摩耶犬和阿拉斯加犬似乎有血缘关系。它们曾被用于北极和南极的探险工作。西伯利亚哈士奇犬起初是由楚科奇这个半游牧民族所豢养，是一种能够忍耐恶劣环境及协助族群迁徙的工作犬。"Husky"（哈士奇）这名词是"esky"的讹传。"esky"其实是爱斯基摩人的俚语，为"沙哑的喊声"之意。1938年UKC（美国联合育犬协会）正式登录此犬种，但名称为"Arctic Husky"，1991年才改名为"Siberian Husky"。

来自北方寒冷的雪地，天生的能力让哈士奇犬成为雪橇犬比赛的常胜犬种，也曾被用于北极和南极的探险工作。

为了要适应寒冷的气候，哈士奇犬有两层浓密的被毛，除了臀部的毛是小鬈之外，其他部位都是直的。国内常见毛色有棕白、黑白、银白和巧克力白四种。哈士奇犬的眼睛有蓝眼和棕眼两种，甚至有的哈士奇犬为一眼蓝一眼棕。几乎每一只哈士奇（不论毛色为何）额头前的毛发都具有呈"M"形的特征。哈士奇犬属于立耳犬，而且两只耳朵中间的距离越近越好。

哈士奇犬的外表看起来相当冷峻严肃，特别是黑白毛色系，配上蓝色或琥珀色的锐利双眼，酷狗排行绝对是第一名。很多饲主都表示，正是因为哈士奇犬俊俏的长相，让他们不由得心动而饲养。

狗狗经历换牙期时,正处于好动且好奇的时候,根本解决方法应从转移小狗的好奇心与旺盛的精力着手,可在不想让狗狗玩咬的物品上喷上"嫌恶剂"。

性格与相处

虽然哈士奇犬的外表总是给人一种严肃凶恶的印象,但是基本上它们对于自己的饲主或信任的人都相当顺从听话。个性温和有礼,对大人和小孩都很友善,是个相当好的家庭伴侣犬。

它们生性乐天、开朗,甚至有点享乐主义的倾向,不是非常喜欢吃苦。自主性强,很有主见,对于喜欢的事物会主动追求,不是那种会黏着饲主的犬种,所以也很容易走失。如不想弄丢它们,请务必做好防护措施。

哈士奇犬的个性虽很和善,可是力气大、动作粗鲁,不太容易抓得住。虽然它们很少主动欺负人,可是因身体强壮,若施力不当,有时候容易撞伤人,所以仍需要适当地服从训练。

饲养与照顾

哈士奇犬是生长在寒带的犬种,潮湿炎热的气候不太适合它们,在夏天时可考虑将被毛剃除。

哈士奇犬易患皮肤疾病,如霉菌性和细菌性皮肤感染。它们的双层被毛特别浓密,洗澡时除了要将洗毛液完全冲净,吹毛时也要边吹边梳,把身上每一寸的毛发都吹干,否则会患湿疹。

此外,哈士奇犬也需要较大的运动量,整年不停更换脱落的被毛,需要天天刷毛。

阿拉斯加雪橇犬
Alaska Malamute

阿拉斯加雪橇犬具有粗犷的外表和高大的身躯，就像是雪地里坚忍不拔的勇者，常被用来从事极地探险活动，并以身强力壮和耐力惊人而闻名世界。它拥有温柔的神情和忠诚的真心，是人们最亲密的工作伙伴。

阿拉斯加雪橇犬资料

体形：大型犬

身高：58~70 厘米

体重：46~55 千克

原产地：美国（阿拉斯加西部）

历史：起源于公元前 3000 年，1935 年
　　　AKC 正式认可此犬种。

用途：拉雪橇、搬运犬

性格：充满活力、固执

强壮的胸部足以负重

公犬 2 岁 6 个月的模样

阿拉斯加雪橇犬 Alaska Malamute

特征

1 头部宽，与身体比例适当。

2 眼睛的位置略倾斜，两眼间有轻微的皱纹，颜色应是褐色且越深越好。表情柔和友善，嘴唇看起来像是在微笑。

3 耳朵呈三角形，耳尖略圆，竖立起时，就像是站在头顶上一样。

4 结实的颈部。

5 尾巴的毛发柔软且蓬松。休息时会下垂，工作或活动时会朝背上弯曲。

6 长头形，突出的吻部。

7 浓密、粗硬的双层毛，在夏季时，被毛会比较短，不那么浓密。

8 毛色有银灰色、狼灰色和黑色，也可能全身为纯白色。

9 大而结实的足部。

Chapter **5**

起源与特色

　　阿拉斯加雪橇犬是北极地区的古老犬种之一，已发现的此犬种最早的记载是在北美移民的记录中。阿拉斯加的扣赞海湾有一个叫马拉谬特（Malamute）的部落，该部落的人以游牧方式为生，并以狗为主要的运输工具，因此，后人将这种狗命名为"Alaska Malamute"，也就是阿拉斯加雪橇犬。

　　阿拉斯加雪橇犬最著名的事迹就是1925年初，阿拉斯加正值寒冷的冬季，除了暴风雪的侵袭，还暴发了高传染性且致命的白喉病，而有个小镇因为被大雪阻碍交通要道，治疗用的血清迟迟无法送达，可想而知当时的情况有多么危急。后来，有人用阿拉斯加雪橇犬组成一只运输血清的团队，据说，原本需要2个星期才能送达的路程，它们只用了5天就抵达了，因而拯救了无数人的生命，事后人们还为阿拉斯加雪橇犬塑了雕像以纪念它们的功绩。

　　常被用来从事极地探险活动的阿拉斯加雪橇犬以身强力壮和耐力惊人而闻名世界，居住于阿拉斯加的马拉谬特族更对此犬种的工作能力有着极高的评价，人们甚至带领这种狗猎捕北极熊或狼，并且让它们担任守卫的工作。

　　阿拉斯加雪橇犬强壮有力，最初培育此犬种的目的并不是为了速度，而是为了耐力，因此它们被用来拉雪橇或拖运重物，使其成为阿拉斯加居民的得力好帮手。为了适应寒冷的北极气候，阿拉斯加雪橇犬拥有浓密的双层毛，外层较粗糙的毛能阻挡冰雪，内层毛有如羊毛般丰厚且带有油脂，具有良好的保温效果。

阿拉斯加雪橇犬与西伯利亚哈士奇犬的特征差异

特征	阿拉斯加雪橇犬	西伯利亚哈士奇犬
体形	体形和力量较大，身高为 58~70 厘米	较小，身高为 51~60 厘米
吻部	大且突出的吻部	中长的吻部
脸部	宽阔且上扬的嘴形	嘴唇上扬幅度不明显
尾巴	大多上扬并卷翘	多半是下垂的

性格与相处

阿拉斯加雪橇犬体形高大，因此需要自幼训练。它们对人和善，甚至喜欢黏着饲主。在家中看起来比较懒散，其实这是因为它们正在为下次的任务储备体力。它们在户外时非常活跃，饲主一定要注意用牵绳控制或随时注意它们的行踪，因为阿拉斯加雪橇犬的归巢率低，很有可能会一去不复返。此外，阿拉斯加雪橇犬还会自己判断饲主的命令是否需要执行，若没有适当的管教，就可能会变得任性且顽固。

饲养与照顾

阿拉斯加雪橇犬原生于寒带气候区，如果将它们养在高温潮湿的环境里，会让它们产生许多不适，如出现中暑或患皮肤病等症状。因此，保持凉爽的温度对毛层厚的狗狗来说是必要的。而在春秋交替之际，更是阿拉斯加雪橇犬的换毛期，需要每天为狗狗梳毛，帮助其被毛顺利掉落及新生。在运动方面，阿拉斯加雪橇犬的运动量大，每天至少运动 1 小时是必要的。

圣伯纳犬
Saint Bernard

圣伯纳犬拥有高大的身躯、发达的肌肉和饱满厚实的大脚，因为它们灵敏的嗅觉和不可思议的直觉，能准确查出受难者和预知雪崩等危险情况的发生，是雪地救援的精英分子，被瑞士人尊为国犬。

圣伯纳犬资料

体形：大型犬

身高：61~71 厘米

体重：50~91 千克

原产地：瑞士

历史：起源于 11 世纪，1885 年 AKC
      正式认可此犬种。

用途：救难、搜索犬

性格：忠诚、和善

别名：ST. Bernard

分为短毛和硬毛两种，此为硬毛型

公犬 2 岁的模样

圣伯纳犬 Saint Bernard

特征

2 头部有白色斑块。

1 眼睛下垂且看得到下眼睑。

3 方头形，略呈圆形的头顶。

4 长耳。

5 硬毛，浓密且平顺。

6 长尾巴，休息时在下方，活动时则上扬。

7 短而方的吻部，与额头垂直。

8 强壮的足趾和饱满的足部。

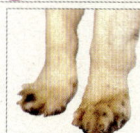

9 毛色有白底夹红斑或红底夹白斑，黄褐色、红棕色、黑色及白色互相搭配。

299

Chapter 5

起源与特色

  瑞士人对于圣伯纳犬的起源有众多种说法，一种说法是圣伯纳犬可能是以前罗马军队在战争时所带的马士提夫犬的后裔；另一种说法则是圣伯纳犬发源于中亚细亚地区，因战争和贸易的关系而辗转来到瑞士；还有一种说法为圣伯纳犬原产地是丹麦。但不论是哪种说法，都一致认为圣伯纳犬是从外地传入瑞士，而且其开始进行救援工作是从阿尔卑斯山开始的。

  圣伯纳犬执行救援工作的书面记录始于1700年，但目前尚无资料能说明它们是如何成为救难犬的。圣伯纳犬一开始被修道士所饲养，用来救助阿尔卑斯山上迷路和受困的旅客，因其灵敏的嗅觉和不可思议的直觉，能准确地查出受难者的位置和预知雪崩等危险情况的发生。当圣伯纳犬发现有人被雪埋住时，它们会将雪挖开，唤醒受困者。如果受困者无法移动，它会躺在旁边让受困者取暖或引领能移动的受困者回到住处。圣伯纳犬的救援本能至今依然保存着。

  圣伯纳犬体格高大壮硕，头部宽阔且略圆，而吻部短而方，全身的肌肉十分发达，包括颈部，因此脖子看起来比较粗短。圣伯纳犬生长在雪地环境，被毛分为短毛及硬毛两种，毛发皆浓密且平顺。

  圣伯纳犬体格匀称，骨骼健壮，表情姿态神圣高雅，有瑞士国犬之称。

> 怀孕的狗狗在医疗方面的照顾：怀孕45天以后可拍X线片确认胎数，预产期快到时务必准备好产房，若需要剖腹生产则需与动物医师确认生产时间。

性格与相处

虽然圣伯纳犬外表高大威武，但其个性沉着平稳、耐力过人，喜欢与人相处，也能与多种动物和平相处，对饲主相当忠诚，其低沉的叫吠声对于入侵者有威吓作用，是非常优秀的伴侣动物。

但因其体形较大，因此需从小施以训练，尤其外出散步时，为预防意外的发生更需加以管教。

饲养与照顾

体形庞大的圣伯纳犬，发育速度快且食量惊人，但体重超标会造成骨骼的负担，因此成长期均衡的摄取营养及控制体重是很重要的。此外，还需要有足够的空间让狗狗活动，适度带狗狗出去散步也是必不可少的。

基本上，湿热的气候不太适合毛层厚实的圣伯纳犬，毛多的圣伯纳犬由于散热的原因而使口水不停地流下来。尤其在夏天，对饲主和狗狗来说都是一种考验。除了调节适当的温度及给予充足的水分外，体重控制也很重要，太胖和太热都会使狗狗生病，甚至危及到它的生命。

杜宾犬
Dobermann

　　杜宾犬英俊挺拔，拥有因专注而竖立耳朵、炯炯有神的目光、发亮的被毛与帅气的流线身形。原为军用犬的它们，外表相当帅气迷人。

杜宾犬资料

体形：大型犬

身高：68~73 厘米

体重：30~45 千克

原产地：德国

历史：起源于 19 世纪，1908 年 AKC
　　　正式认可此犬种。

用途：警卫犬

性格：执着、警戒心强

别名：杜宾品池犬（Dobermann Pinscher）

出生后耳朵满 6 厘米即剪耳

公犬 5 岁的模样

四肢修长

杜宾犬Dobermann

特征

2 剪耳。

1 长头形。

3 脖子要瘦长挺直。

4 被毛发亮有光泽。

6 毛色有黑色、咖啡色、红色、巧克力色、暗灰色和蓝灰色等。

5 背线挺直。

7 鼻梁长且呈方形。

8 肌肉一定要结实。

10 四方身，下胸够厚，要有腰身。

9 前肢直，似猫足状的足。

11 后肢弯曲。

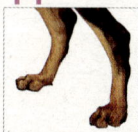

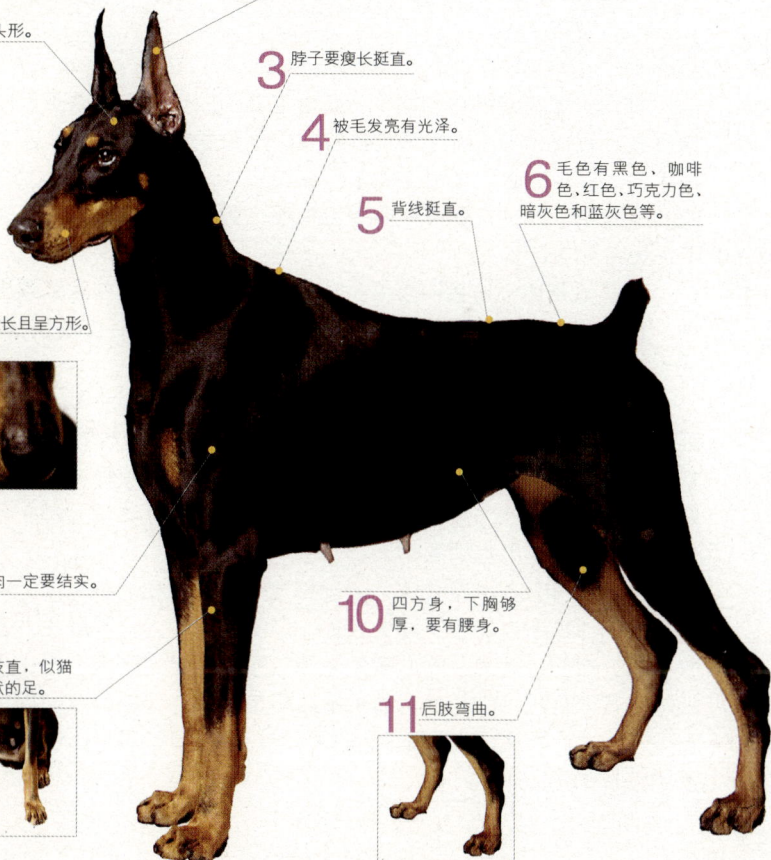

Chapter 5

起源与特色

　　杜宾犬繁衍发展自德国，一开始培育的原因是使用者需要一种忠诚度高、敏捷、工作能力强且具有守护能力的犬种。杜宾犬在美国经过犬种改良后，除了体形比德系杜宾犬稍大以外，同时也针对性格上的凶狠度做了改良，美系杜宾犬没有那么凶狠。目前国内的杜宾犬多半以美系为主。

　　杜宾犬是由一位名叫杜伯曼（Dobermann）的人刻意繁殖出的犬种。1870 年时，杜伯曼从一些纯正血统的犬种当中，交配出杜宾犬。1899 年，德国畜犬协会正式认可此犬种标准。

　　因为杜宾犬本身的长相威严庄重，再加上性格说一不二，一板一眼很执着，警戒心又强，因此一直被选定作为军用犬或警犬。20 世纪初，杜宾犬的警犬身份被正式认定，它们也继续以这样的标准（不论是性格或体形）作为警备犬而繁殖着。在第一次世界大战时，杜宾犬也理所当然地成为优秀的军犬。

　　虽然已知杜宾犬的由来，但却无法确认其原始犬种为何犬种。据说它们的血统来自许多不同的犬种，如曼彻斯特犬、罗威拿犬及某种牧羊犬。起初，此犬种的血液中流传着相当凶猛的基因，但经过长时间的培育改良后，它们保留着机敏性格与聪明的头脑，但凶狠程度大大地降低了。因此，除了警卫犬以外，杜宾犬也可以胜任其他的工作，甚至包括缉毒。

建议在狗狗 4 个月大左右，开始让它与人类建立良好的互动关系。狗狗若已成年，可采取循序渐进的方式，训练狗狗慢慢习惯用和缓的态度来面对友善的陌生人。

性格与相处

不论是德系或美系杜宾犬，基本上都是警戒心很强的犬种，因此杜宾犬若要成为家庭犬，最重要的就是行为训练。例如，从幼犬时期开始，就要给予很充分的训练，充分给予社会化与赋予它们安全感，这可以让杜宾犬不那么容易因戒心或激动而出现攻击行为。饲养前需要先评估家中成员的状况，因为杜宾犬的体形太大，小朋友或老人是否能承受大狗的快速移动与冲撞会是个问题。另外，小朋友的反应可能会激怒警戒心强的狗狗，导致意外状况的发生。

饲养与照顾

杜宾犬需要剪耳、断尾及断狼爪。出生后 3~5 天要剪尾巴与断狼爪，出生后耳朵满6厘米便剪耳。剪耳会根据幼犬的父母犬体形与幼犬本身的体形来判断剪耳的程度。

杜宾犬必须从小训练，并持续日复一日地与它们保持良好关系。通常杜宾犬不会只认一个饲主，因此可以多让家中其他成员与狗狗交流。若家中有陌生人来到，切记不要轻易让杜宾犬直接接触陌生人，因为此犬种戒心很强，当它不确定来者是敌是友时，一旦陌生人有任何不友善的举动，杜宾犬可能会主动攻击对方，这点饲主要多加注意。

流线的身材曲线是杜宾犬的特征之一，不能让它们暴饮暴食，而且得从小节制，才不会让身材曲线变形。有的饲主以一天一餐且固定运动来帮助它们保持好身材。此外，天气温热潮湿时，家中的环境要保持一定程度的干燥，才能维持杜宾犬发亮的被毛。

伯恩山犬
Bernese Mountain Dog

　　伯恩山犬雄壮威武，40千克的体重令人叹为观止，但它们那温柔体贴的举止又让人感动不已，绝对是大型伴侣犬的好选择。

伯恩山犬资料

体形：大型犬

身高：58~70 厘米

体重：40~44 千克

原产地：瑞士

历史：起源于公元前 100 年，1937 年
　　　AKC 正式认可此犬种。

用途：守卫、放牧

性格：温和、服从

幼犬时斑纹就很明显

50 天左右的模样

伯恩山犬Bernese Mountain Dog

特征

2 眉头有明显的褐色。

3 胸部宽广，背部平坦。

4 毛色为黑、咖啡和白色交杂，以黑色为主。

1 长头形，额头平坦。

5 被毛稍卷呈波浪状，柔软且长度适中，极有光泽。

6 前后肢均强而有力，肌肉发达。

7 足前端为白色，形状为圆弧状，趾甲呈白色。

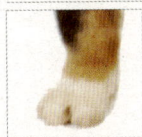

307

起源与特色

据记载伯恩山犬来自于 2000 年前古罗马人携带到瑞士的大型驯犬，当时是作为守卫及放牧之用，经过漫长的演变，逐渐成为专职的农牧犬。但由于大环境的忽视和不被重视，在 19 世纪末的时候，此犬种几乎灭绝。幸运的是，许多瑞士的支持者致力于保存推广，使伯恩山犬终能得到爱狗人士的支持和欣赏。

在 1902 年、1904 年和 1907 年的犬展中，瑞士的爱狗人士特别展出伯恩山犬；1907 年，一些有心的饲育者决定改良伯恩山犬的犬种，希望能将血统繁衍得更纯粹，并把伯恩山犬的特性与特征稳固下来。这项改良计划在瑞士地区持续进行，而且最终在海外也得到爱狗人士的支持。

根据最近的记载指出，第一个把伯恩山犬引进美国的，是一位名叫 Isaac Scheiss 的堪萨斯农夫，他于 1926 年引进一对伯恩山犬，并尝试将那两只伯恩山犬登记入 AKC，但是失败了。

10 年后，路易斯安那州的 Glen Shadow 引进另外两只伯恩山犬，在一番努力之下，1937 年，AKC 正式将这对伯恩山犬注册进美国犬种行列。

在 1941 年以前，伯恩山犬在美国的数量并不多见，尤其在第二次世界大战期间，犬只输入因为受到战争影响而中断进口，直到 1945 年，进口与登记才再度恢复。到了 1968 年，一些繁殖者和饲主共同成立了"美国伯恩山犬协会"。

如果狗狗幼年时缺乏与其他狗狗的互动，成年后很可能因为社会化不足而无法与同类自在相处，也可能因曾有过不愉快的互动经验而变得防卫退缩。

伯恩山犬有着强而有力的身躯，四肢肌肉发达；额头平坦，眉头有明显的褐色；被毛稍卷呈波浪状，柔软而具有光泽；毛色为黑、咖啡和白色交杂，以黑色为主，胸部、头部和四肢则掺有白色和咖啡色。三色分明者为优质犬。

性格与相处

伯恩山犬高大的外形底下隐藏着一颗温柔善良的心，这使其成为看管儿童和放牧动物的高手。小时候的它们充满好奇心且十分活泼，长大后虽然体形又高又壮，但却温和有礼、服从性高，很好训练，自信且不怕困难，也从不撒野。它们非常善长与人类互动，能够成为像拉不拉多拾猎犬和黄金拾猎犬一样的家庭伴侣犬。

饲养与照顾

伯恩山犬平均寿命不长，都在 9 年以下。在照顾上，伯恩山犬需要足够的活动空间和时间，应该经常带它们外出活动，以利于它们四肢伸展。

此外，伯恩山犬很怕热，夏天时饮水量相当大，需注意维持室内的凉爽，避免其中暑。千万不要因为天气炎热就帮伯恩山犬任意剪毛，因为它们的被毛可阻挡紫外线，任意修剪被毛，反而容易造成狗狗中暑。

大丹犬
Great Dane

　　大丹犬拥有高大的身躯与贵族般的气质，被毛短易于梳洗及保持清洁，具有和善的性格，是相当出色的家庭伴侣犬。

大丹犬资料

体形：大型犬

身高：76~81 厘米

体重：45~55 千克

原产地：德国

历史：起源于公元前 2000 年，1887 年
　　　 AKC 正式认可此犬种。

用途：猎捕大型动物

性格：温和、活泼、机敏

母犬成犬的模样

约 40 天的幼犬模样

大丹犬Great Dane

特征

1 长头形。

2 未剪耳前，长耳向前折，耳朵垂下，此为剪耳后立耳的模样。

3 鼻子宽大，鼻梁醒目。

4 略呈弯曲的长锥形尾巴。

5 健壮的四肢。

6 浓密的短毛。

7 毛色有斑纹、黑白、虎斑及浅黄褐色。

起源与特色

最初，大丹犬在德国是被培育作为打野猪的猎犬，以速度和忍耐力著称，是过去德国贵族最钟爱的犬种。如今，它拥有温顺与优雅的气质，据说是与灵猩交配繁衍而来。大丹犬是很古老的犬种，据说中古世纪欧洲皇室家族饲养的犬中都可以找到大丹犬的祖先。在当时，拥有大丹犬是社会地位的象征。关于大丹犬历史上最早的记录是在公元前1121年，源自一本中国的文学作品。大丹犬的名字"Great Dane"是来自于法文"Grand Danois"，意思是大丹麦（人）之意。据说俾斯麦也饲养大丹犬，使其担任警卫工作。

大丹犬最大的特色就是它们相当高大，是世界上第二高大的犬种。6~8个月大的大丹犬幼犬，就已经跟黄金拾猎犬成犬差不多高了，当它们长大后，站立起来时，头部可达人的肘部，就像是一匹小马般巨大。

大丹犬头部轮廓分明，鼻黑，尾巴根粗，逐渐变细；短毛富有光泽；毛色有黑白、虎斑和浅黄褐色；胸部很厚实，腹部蜷缩，背部线条结实。

有些饲主会为大丹犬剪耳朵，修剪成末端尖细的直立耳，有人认为剪过耳朵的大丹犬比较帅气，看起来更有威严。但是，很多饲主并不愿意修剪大丹犬的耳朵，认为留一双大耳朵保持它们傻乎乎的模样也挺好的。大丹犬有很多不同的毛色，黑白、虎斑和浅黄褐色等。不管它们站着还是坐着，姿态都很迷人，拥有贵族般的气息。

家中同性狗狗间的打斗，常与狗狗之间的地位关系有关，尤其是当有新狗狗加入时。用过度隔离的方法是不能解决问题的，反而会增加狗狗一见面就狂打不休的概率。

性格与相处

大丹犬的个子很大，乍看很让人惧怕，但其实大丹犬的个性非常温和友善，对小朋友也很亲切，而且聪明温驯，容易训练，是相当出色的家庭犬。因其体格巨大，相对训练和陪伴都需要饲主付出耐心和时间，因此饲主需有强烈的责任感来照顾它们，否则不要轻易尝试饲养。

饲养与照顾

大丹犬的骨骼发育相当迅速，需要大量的运动和训练。此外，除了需有宽敞的场地满足它们运动的需求外，需注意居家地板不可太滑，尚未发育完全时也要避免过度运动，以免四肢变形。

它们的体形大，相对需要的运动量和食量也很惊人，要给予充分的运动及充足的食物。饲主要注意狗狗用餐后，不要让它们马上运动，以免发生胃痉挛。

大白熊犬
Pyrenean Mountain Dog

大白熊犬除了拥有巨大和威吓十足的身形之外，还有一身雪白的长毛和一张敦厚老实的脸，这样的外形，让人觉得又喜欢又害怕。但事实上，大白熊犬的个性是非常友善温和的。

大白熊犬资料

体形：大型犬

身高：75~83 厘米

体重：50~80 千克

原产地：比利牛斯山区

历史：起源于公元前 2000 年，源自
　　　法国的古老犬种。

用途：保护羊群

性格：温和、忠心

别名：大比利牛斯山犬

以雪白的被毛著称

幼犬的模样

大白熊犬 Pyrenean Mountain Dog

特征

1 头部大而圆。

2 眼睛呈杏仁状。

3 耳朵垂在头两侧且服帖。

4 尾巴上有着浓密的毛。

5 胸前有浓密且呈波浪般的毛发。

6 大多数以雪白色为主，偶尔会搭配灰色或乳白色。

7 被毛浓密厚实，呈波浪状的直毛。

起源与特色

大白熊犬的祖先在1000多年以前源于亚洲,但近百年来,只出现在法国和瑞士之间的比利牛斯山脉,因此大白熊犬早期曾被称为"大比利牛斯山犬",后来因为其外形像熊,又有着雪白的被毛,于是习惯称之为"大白熊犬"。

早期大白熊犬属于牧羊犬,相传它们曾经帮西班牙东北部的族群牧过羊,强壮的体形能保护羊群避免被恶狼吞噬。为了适应山区酷寒的生活,大白熊犬自然发展出坚强的耐力、强壮的身躯、结实的四肢及身上厚实的被毛。高度敏锐的警觉性也能帮助它们免受狼群和野熊的攻击。

大白熊犬是欧洲贵族及法国宫廷贵族最喜爱的犬种之一,法国王室路易十六曾经视大白熊犬为宫廷犬,地位比其他的犬种高。

大白熊犬幼年时充满稚气的脸庞非常可爱,它们需要3~4年才能完全成熟。

性格与相处

大白熊犬的个性非常友善温和且纯真热情,对饲主很忠心,有着只效忠一个饲主的忠诚个性,但对陌生人却有很强的防卫心,其地域性也很强,就像是家中的守护天使。

它们喜欢与熟悉的人做朋友及玩在一起,尤其对小朋友容易释出友情与关怀,就像是小朋友的大狗熊玩偶。大白熊犬体形庞大,但个性顺从,所以可在幼犬时期就施以基本的服从训练,学会服从之后,带

大白熊犬与萨摩耶犬的特征差异

特征	大白熊犬	萨摩耶犬
头形	头形大而圆	呈 "V" 字形的头部
耳朵	垂在头两侧，呈服帖状	厚实展开的小圆立耳
吻部	强壮且略呈锥形	长度适中，两端较细
体形	较大，身高65~81厘米	较小，身高46~56厘米

狗狗出门散步和戏耍时，狗狗就会乖乖地听饲主的话，不用担心会突然走失。

饲养与照顾

大白熊犬的食量大，因此需要大量的运动来消耗它们多余的精力及脂肪，如果居住的空间太小，不建议饲养这种大型犬。

此外，大白熊犬被毛的保养与整理是一项重要的工作。为了让狗狗的被毛充满光泽，饮食上可以选择具有低过敏且能使被毛漂亮的饲料。另外，也可以购买一些碎羊肉掺在饲料里，羊肉除过敏原较低外，也可以减少狗狗生病的机会。

在洗毛液的选择上，可挑选白毛专用的洗毛液，以维持其雪白的毛色。而滋润毛发的护毛润丝液和护毛油等产品，也可以让狗狗看起来更出色。

由于大白熊有多层毛，属于覆毛型的犬种，因此在洗澡后务必要将全身的毛发吹干，否则容易出现皮肤病的问题。此外，要天天梳毛，除了可以避免毛发打结外，也能减少寄生虫寄宿的机会，狗狗的皮肤及肠胃也会比较健康。

纽芬兰犬
Newfoundland

　　纽芬兰犬在国内较少见，因为其一身深色的厚厚被毛，常常被人误认成西藏獒犬，以为是性格凶猛的犬种。其实它们虽然拥有壮硕的体形，但却有着柔软温柔的爱心，更是优秀的水上救难犬。

纽芬兰犬资料

体形：大型犬

身高：66~71 厘米

体重：50~68 千克

原产地：加拿大

历史：起源于 18 世纪，1886 年 AKC
　　　正式认可此犬种。

用途：帮助渔民、救难犬

性格：敦厚、温和

蹼状足有利于其在水中活动

体形有如小熊般壮硕

纽芬兰犬Newfoundland

特征

2 眼睛小，双眼距离较大。

3 呈三角形的小耳朵紧贴着头部。

1 方头形，头骨宽阔结实。

4 毛色有黑、青铜、棕色等单色或黑白混色。

5 被毛带油质，厚实防水，有双层毛，属粗质被毛。

6 吻部呈短而方的形状。

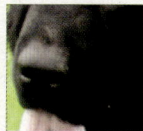

7 有利于游泳的蹼状足。

8 前肢笔直，四肢的后方到足趾间有饰毛。

起源与特色

对于纽芬兰犬的起源说法有很多，一说起源于大比利牛斯犬，也有人说遗传自"法国猎犬"，还有人认为纽芬兰犬的祖先是马士提夫犬。较可确认的说法为纽芬兰犬起源于18世纪左右，欧洲渔民将纽芬兰犬的祖先带入加拿大北方的纽芬兰岛，与当地的犬种繁殖而产生。

它们一开始就被作为工作犬来使用。因为其具有在水中工作的能力，可协助渔夫拉网捕鱼，负荷重物，同时也被训练用来救助遇难落水者。

体格有如小熊般的纽芬兰犬，有着健壮的四肢，而带油质又厚实的被毛为双层毛，既保暖又防水，可以保护它们在纽芬兰岛度过漫长的冬季，更可抵御工作时冰冷海水的侵袭。再加上长又粗壮的蹼状足，让纽芬兰犬在水中可以轻松地活动自如，更有"水中救生员"的称号。1919年，纽芬兰犬因救起船难者而声名大噪。纽芬兰犬毛色多为黑色、青铜色或棕色。

虽然它们有着硕大的身躯，但双眼间距大却配上小小的眼睛、紧贴在头部的耳朵、短而方的吻部和又宽又结实的头部，让纽芬兰犬带着和善的表情，使原本相当具有威胁性的体格，顿时成为忠厚老实又让人有安全感的相貌。

而这样的外表也和纽芬兰犬稳重、温和的个性相当贴切，行为动作总是不疾不缓的它们，走路就像绅士，总给人一种优雅而富有节奏感的感觉。

千万不要以饲主的主观去
决定狗狗们的位阶，也不
要安抚奖赏或指责某一方，
否则会适得其反。狗狗们
打闹不休，常常是因为饲
主的不当介入所致。

性格与相处

纽芬兰犬的脸给人一种忠厚老实的感觉，憨厚和善的表情和稳重温和的个性，让它们成为孩子们最喜爱的大玩伴，是相当称职的家庭陪伴犬。威武的身材加上忠实的个性，也让它们成为很好的守护犬。

饲养与照顾

因为纽芬兰犬的活动量较大，故需要大量的肉食营养补充，并应给予充分的运动。

纽芬兰犬不适宜饲养在高温热带的区域，较适合生活在寒带的地区。纽芬兰犬为适应寒冷天气与工作环境的一身被毛，若生活在较炎热的地方，会给它们带来很大的负担。在照顾方面，需每天仔细地替纽芬兰犬刷毛，并且在环境方面给予良好的通风。

纽波利顿犬
Neopolitan Mastiff

纽波利顿犬已在地球上生存了 2000 多年，拥有强悍、魁梧且令人害怕的外貌。唯有愿意花时间与之相处的人，才能得到它们柔软的心及打死都不退的忠诚。

纽波利顿犬资料

体形：大型犬

身高：65~75 厘米

体重：50~68 千克

原产地：意大利

历史：起源于公元前 100 年，2004 年
　　　AKC 正式认可此犬种。

用途：警卫犬，斗犬

性格：攻击性强

别名：拿波里马士提夫犬

公犬 2 岁的模样

母犬 2 岁的模样

纽波利顿犬 Neopolitan Mastiff

特征

1 方头形。

3 呈三角形的立耳。

7 粗且圆的尾巴，有时饲主为求美观会进行修剪。

4 结实的颈部线条。

2 充满皱褶的脸，让眼睛看起来很小。

5 毛色有黑、铁灰和棕红色。

6 有光泽的短毛。

8 部分纽波利顿犬的胸前会有一小块白色的毛。

9 粗壮的前肢。

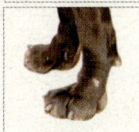

10 足掌：呈椭圆形且有粗厚的肉垫。

Chapter 5

起源与特色

　　纽波利顿犬起源于公元前 100 年，是相当古老的犬种，自古以来就被授予守护家园的任务。由于它们体形魁梧，所以在斗犬风盛行的年代，还曾被繁殖作为打斗和竞赛的犬种。然而纽波利顿犬本性还算温和，被归类于逞勇好斗一族，其实跟人们先入为主的想像有关。

　　根据数据显示，纽波利顿犬的祖先可上溯至古罗马时代的马鲁索斯犬（已绝种），和圣伯纳犬及阿片泽山犬等犬种拥有同样的起源。身形魁梧的它们，自古就被人们饲养作为工作犬，却不知为何曾在历史上消失过好长一段日子，直至 20 世纪 40 年代，才又在意大利被重新发现并繁殖。

　　因为它们强悍的外表纽波利顿犬总被人们与"凶猛"画上等号。事实上，纽波利顿犬的外表只是它们的保护色，纽波利顿犬个性憨厚，若非饲主刻意训练，否则并不适合作为斗犬。

　　国际上有些城市（如马来西亚首都吉隆坡近郊的沙阿南市）明文规定禁养纽波利顿犬，德国和新加坡也将其列为危险性犬种。

　　分辨纽波利顿犬最简单的方法，就是从头形大小来判断。标准的纽波利顿犬头颅在整体身形中占相当大的比例，尤其是它们从眼皮就开始垂落的皱褶，一直沿着脸部外围至喉咙位置，令整个头形看起来不但大，而且令人印象深刻。可别小看那些皱褶，那正是纽波利顿犬的招牌特征，如果脸部缺少了多重皱褶，会被视为不标准。

　　大多数纽波利顿犬的眼睛和肤色相近，最常见的是琥珀色和棕色。由于许多饲主喜欢为纽波利顿犬剪耳，所以一般见到的多为三角形的

> 看到两只狗狗真的打起来时，千万不要急着把狗狗拉开，因为狗狗在情绪激动的状况下，分辨不出谁是饲主，谁是对手，忙乱之中可能会咬伤人。

立耳。近年来，动物权逐渐受到重视，剪耳的情形也日趋减少。

性格与相处

　　纽波利顿犬天性较为慵懒，对于需要耗费较大体力的奔跑和互动游戏总显得兴致不高，再加上体形庞大，纽波利顿犬迈步的模样看起来更缓慢而沉重。它们的个性被动，很少会在毫无理由的情况下攻击人，但是基于自古以来就被赋予的使命感，纽波利顿犬会尽心尽力捍卫家园，如果有陌生人闯入它的领域，即使它个性温和，也会摇身一变成为人见人怕的凶狠警卫。

　　由于纽波利顿犬的表情不容易观察，加深了一般人对它们产生性情剽悍、会咬人且攻击性强的错误印象，其实这些都是纽波利顿犬为了保护家人，在不得已的情况下才会出现的反应。

饲养与照顾

　　目前，国内纽波利顿犬为数不少，但饲养者多半出于守卫和看家的考虑。若没有宽广的场地，要饲养庞大的纽波利顿犬并不容易，所以在一般小家庭里并不常见。纽波利顿犬忠诚度很高，天生就懂得守护家园，由于它们不喜欢过于激烈的活动，遇到陌生人时多半会先以吠叫声吓跑对方，必要时才会展开攻击。但受限于先天资质，纽波利顿犬稍嫌驽钝，因此需要不断地重复训练，才能产生良好的互动关系。

高加索犬
Caucasian Owtcharka

　　高加索犬外形高大威猛，性如其形，属于性情低调却威猛的犬种，在国内较为少见。源于寒冷山区和恶劣的生活环境，造就出它们无所畏惧及独立坚毅的性格。

高加索犬资料

体形：大型犬

身高：65~85 厘米

体重：70~80 千克

原产地：原苏联境内高加索山脉

历史：1996 年 FCI 正式认可此犬种。

用途：守卫、护卫犬

性格：坚定、自信

别名：高加索山脉犬

成犬的模样

2 个半月的幼犬已有 15 千克的体重

高加索犬 Caucasian Owtcharka

特征

2 脸部和耳朵都偏黑。

4 背脊部分的黑毛会越来越明显。

5 被毛浓密，需要经常梳理。

1 头盖骨宽阔，额头宽阔平坦。

3 眼睛呈深色，为椭圆形。

6 幼犬时，四肢就已明显粗壮厚实。

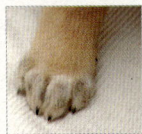

7 耳部、面部和背脊毛色较黑，身体尾端渐渐转为土色、淡黄或乳白色。

327

起源与特色

　　据说高加索犬源自于西藏獒犬，祖先居住于分割欧亚大陆的高加索山脉，海拔4000米以上的寒冷山区和恶劣的生活环境造就出它们无所畏惧及独立坚毅的性格。据说在原苏联，它们被当做国宝级的犬种。

　　高加索犬的头盖骨宽阔，额头宽阔平坦，骨架大，颈部短而有力，与背线呈30°~40°角，肌肉发达，胸部宽阔深厚，呈拱形，背部平直且宽阔。眼睛呈深棕色，椭圆形，大小适中。被毛厚重，耳朵通常都被修剪过，短而下垂，尾巴膨松而下垂，末端稍微卷起。

性格与相处

　　由于高加索犬最初的犬种用途就是守卫，它们负责守卫羊群和牛群（不是牧羊犬），以免羊群受到外来野生动物的威胁。因此，高加索犬带着坚定的意志和勇敢的性格处事。饲养高加索犬必须施以相当良好的社会化训练及充分的服从训练，否则将会相当难管理，甚至它们会表现出凶猛残暴的一面。

　　换句话说，若饲主愿意好好地训练与教育高加索犬，它们将会是相当好的护卫犬，它们会将家庭的成员，甚至家中原有的动物伙伴也都当成家中的一分子，并尽力地保护它们的安全。

　　但即便如此，千万不要让小朋友单独与高加索犬独处，因为发生类似的护卫犬伤害家中儿童的事件仍时有耳闻，当它们被某种声音或

> 为狗狗劝架时，记得要先拉住占上风的狗狗。若饲主抱住了输的一方，反而会让胜利的狗狗更加激动，以为对方是继续挑衅。

画面刺激的时候，仍有可能突然攻击亲近的家人。所以一般人如果没有充分的育犬知识或训练概念，并不适合饲养高加索犬。

饲养与照顾

高加索犬体形大，对居住环境要求高。它们需要空间来充分地活动，如果家中的空间足够，甚至有自家的院子可活动，那么，可以充分满足它们的运动需求。

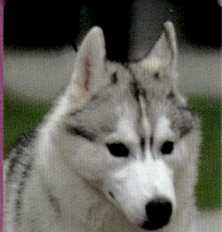

西藏獒犬
Tibetan Mastiff

西藏獒犬属于高山地区犬种，巨大的身形，双层的被毛，本来并不适合生活在气候炎热的地区，目前培育到第三四代后的西藏獒犬，已经能适应较潮湿炎热的气候。

西藏獒犬资料

体形：大型犬

身高：76~80 厘米

体重：79~90 千克

原产地：中国西藏

历史：起源于 10 世纪，1885 年 AKC 正式认可此犬种。

用途：保护畜群

性格：忠心，领域心强

别名：西藏马士提夫犬

幼犬的模样

标准的四眼獒犬

红色眼眶是其最大特征

西藏獒犬 Tibetan Mastiff

特征

2 眼睛有红眶。

4 粗而长的尾巴。

1 方头形，拥有宽阔的大头。

3 浓而密的覆毛，有双层被毛，毛质较粗。

5 毛色有全黑、全身黑色毛但胸前带白毛、棕色或金丝色。

6 四肢粗壮有力。

起源与特色

西藏獒犬的原产地为中国西藏，由于身上有双层的被毛，不怕寒冷，所以适合生活在海拔6000米的高山地区。

獒犬产自西藏，西藏人以藏语称之为"给桑"，译成汉语为"哮天犬"。早期，西藏獒犬是帮忙放牧牛羊的工作犬，同时，当家里的男性外出工作或打猎时，它们便担任起保护妇女老幼安全的守护工作，由于其外形粗犷、叫声低吼且面貌凶狠，极具威吓的效果。

纯种藏系獒犬体形较大，也较凶猛，美系西藏獒犬则较温驯。

西藏獒犬体形巨大，四肢粗壮，红色的眼眶是其最大的特征。肩高为83厘米，身长可达80厘米以上，体重达90千克左右。浓密的双层被毛，毛质较粗。西藏獒犬的毛色分为全黑、黑色但胸前带有白毛、棕色、金丝色及四眼。所谓四眼，指的是獒犬的眼睛上面各有一点褐色的毛色，看上去很像4只眼睛，而且四肢及尾巴也会有明显的褐色毛，黑色背毛，属于特殊的犬种。

家中饲养第二只狗狗时，尽可能选择年龄较小的异性狗，相处起来比较少冲突。若收养的是幼犬，不要放任它去骚扰大狗，否则可能促使它挑战大狗的地位。

性格与相处

有人说，西藏獒犬性格的最大特征便是忠心耿耿，一辈子只听从第一位主人的话，绝不背叛，对饲主非常的忠心。其实，西藏獒犬是一旦长成成犬后很难接受陌生人，但幼犬则要1~2年才会产生敌意。早期人们饲养西藏獒犬时，因幼犬无法承受气候与环境的差异因此常早夭，而成犬只能与喂食的饲主培养感情，一般人因为它的凶猛所以无法与它培养感情，因此才会有西藏獒犬一辈子只认一个饲主的传言。

西藏獒犬对地盘的防卫性很强，当陌生人进入时，若没有饲主的命令，它们不会让陌生人轻易走出大门。但出去玩耍时，因为了解外面的世界不是它们的地盘，所以只要饲主下命令，任何人都可以跟它们玩成一团，凶猛的个性就会暂时消失。

饲养与照顾

西藏獒犬母犬每年只发情一次，一胎可生13~15只幼犬，幼犬出生后20天体重已达4千克。

西藏獒犬的体形强壮，需要充足的活动量，居住环境需要有足够的活动空间。但西藏獒犬的体味很淡，不需要常常洗澡，但仍需经常梳毛整理。此外，潮湿炎热的天气对它们来说很痛苦难耐，可以考虑为它们剃毛，也可为它们开冷气或用风扇散热，以舒缓不适。

Chapter **6**

牧羊犬群
Herding Group

潘布鲁克韦尔斯科基犬、喜乐蒂牧羊犬、
边境牧羊犬、澳洲牧羊犬、可利牧羊犬、
古代英国牧羊犬、德国牧羊犬、
比利时玛丽诺犬和巨型雪纳瑞犬

认识牧羊犬

牧羊犬的发展是因人类驯养家畜而来的。牧羊犬的价值很快便得到人类的肯定,因为牧羊犬可以驱赶大群的牛羊或将牛羊圈在一起不走失,也可驱使羊群到达目的地或从一群羊中将某一只羊赶出来。牧羊人依照放牧家畜所需的地形和气候不同,培育出不同的性格、被毛类型及担负不同任务的犬种。

通常牧羊犬都有不怕风雨的双层被毛,可以保护它们在恶劣的环境条件下工作。牧羊犬的主要特征就是有极大的毅力、耐力、灵活且聪颖,并且能与人和睦相处。

有关牧羊犬的起源一直都没有定论,世界上究竟何时、在何处开始出现并使用狗狗来进行放牧牛羊的工作,没有绝对统一的答案。经过整理后,归纳出以下 4 种说法。

起源 1：可能是源于东亚的狼

根据科学家的研究,所有的犬种都起源于 1.5 万年前东亚的狼,而 1.5 万年前,也是第一次出现将"野狼"驯服为"家犬"的证据。

这是目前对于牧羊犬可能出现的时间点最早的推论。

起源 2：可能是源于印度的狼

传说牧羊犬是由印度狼演变而来的。

因为印度狼会将羚羊与母山羊驱赶到合适的地点进行猎杀,因此

牧羊犬大都具有双层被毛,以保护它们在恶劣的环境下工作。

继承了这个习惯的牧羊犬,有管理羊群的独特能力[1]。

起源3: 可能是源于中国的家犬

另一种说法认为,牧羊犬最早出现在中国商代。考古学家解释甲骨文中有一字为"睐",属牧羊犬的专称。

如果从殷商时期人们驯养狗的经验及方式来看,将狗用于看牧牛羊是极有可能的[2]。

起源4: 可能是源于中亚的警卫犬

还有一种说法认为,牧羊犬源自于警卫犬。生活在中国和波斯的牧羊人发现,一些犬只经过训练后能驱赶羊群,而不会攻击羊群或咬死羊,在经过长久的训练后发展成牧羊犬。而现代的牧羊犬,也可能是从这类犬种演化而来的。

在探寻牧羊犬的起源中,发现许多牧羊犬拥有一个外形上共同的特征: 没有尾巴。

断尾的原因据说是因为英国以前是依家中动物的尾巴数目多寡来缴纳税金的,而农夫们为了逃税,就偷偷地把牧羊犬的尾巴剪掉。直到今日,为了美观,还保留了牧羊犬断尾的习惯。

---

[1]此论述源自《农史研究》,第七辑,北京: 北京农业出版社。
[2]此论述源自《农史研究》,第七辑,北京: 北京农业出版社。

Chapter **6**

牧羊犬的性格特质

　　牧羊犬天性聪明、个性稳定，还有着强健的身体，这些特性让牧羊犬很早就成为人类在生活及工作上的好伙伴。

聪明、稳定又高度服从

　　牧羊犬身上流淌的优异基因使它们天生就较其他犬种聪明，据美国哥伦比亚大学心理学教授 Stanley Coren 所著《The Intelligence of Dogs》《狗狗的智慧》一书中指出，在所有犬种中最聪明的狗就是边境牧羊犬。

　　牧羊犬种个性稳定，它们执着于饲主所赋予的工作，具有高度的服从性。不管发生任何事，牧羊犬都能够坚守岗位，使命必达。

体格强健又有毅力

　　牧羊犬还有一项令人欣赏的优点——身体强健。

　　牧羊犬的脚步轻盈，身躯灵巧，不管是围绕着羊群小跑，还是长距离的跋涉，都难不倒牧羊犬。大型的牧羊犬甚至能在一天之中跋涉160 千米以上，有如骆驼般具有忍辱负重的坚强毅力。

天生爱放牧、爱追、爱跑

　　牧羊犬，顾名思义，有着天生的放牧性格基因密码。

　　因这天生的放牧性格，饲主可以通过小动作轻易地引导牧羊犬血液中的放牧本能。最常见的就是，牧羊犬喜欢把小东西都圈在一起，当然牧羊犬还喜欢追逐会动和会跑的物体。

牧羊犬天生的放牧本能

牧羊犬因犬种体形的大小不同，它们在驱赶牛羊时有不同的放牧行为，也因此，放牧牛羊时所担负的责任也有所不同。

利用体形高大的优势保护牛羊

体形较高大强壮的德国牧羊犬、巨型雪纳瑞犬及古代英国牧羊犬会利用它们的体形优势来放牧牛羊，除了能防止牛羊私自离群体外，也可以保护羊群不受前来猎食的狼群攻击。

利用眼神及脚步圈养羊群

体形中等的边境牧羊犬和可利牧羊犬在执行放牧牛羊工作时，利用它们灵活的步伐将羊群豢养在同一处。除此之外，边境牧羊犬善用凌厉的眼神瞪视脱队的小羊，也可有效地将不愿归队的羊赶回队伍内。

利用叫声和拉咬牛羊脚跟驱赶牛羊

体形较为迷你的韦尔斯科基犬和喜乐蒂牧羊犬，除了利用叫声告诉离群的牛羊该适时的归队外，它们也会借着拉扯牛羊的后足跟，带领牛羊回到队伍中，保持牛羊行进的路线。

潘布鲁克韦尔斯科基犬
Pembroke Welsh Corgi

短短的四肢、长长的身体、大大的耳朵，配上狐狸般的脸庞，这是潘布鲁克韦尔斯科基犬的最佳写照。没有尾巴的小小身躯，跑得飞快的短短四肢，可爱逗趣的脸庞，长久以来它也是深受英国皇室宠爱的皇室宠物。

潘布鲁克韦尔斯科基犬资料

体形：小型犬

身高：25~31 厘米

体重：10~12 千克

原产地：英国

历史：起源于 11 世纪，1925 年第一次以"潘布鲁克韦尔斯科基犬"正式在英国展出。1934 年英国正式认定潘布鲁克韦尔斯科基和卡狄根韦尔斯科基犬为不同犬种，同年 AKC 正式登录。

用途：赶牛

性格：活跃、服从、独立

约 1 岁的模样

幼犬时期有垂耳和立耳两种

潘布鲁克韦尔斯科基犬 Pembroke Welsh Corgi

特征

1 长头形。

2 拥有如兔子般直立的大耳朵。

3 毛色有黑色、红色和黄褐色。

4 短尾巴。

5 吻部呈椎形。

6 颈部及胸前有一大块浓密的白色毛。

7 短毛。

8 四肢短小,但强壮。

9 足掌厚重。

起源与特色

据说韦尔斯科基犬是1107年由工人携带到英国的犬种，根据其近似狐狸的头部，因此认为韦尔斯科基犬与尖嘴犬祖先关系密切。但也有人认为是随着韦尔斯地区与瑞典进行贸易之后，才传至韦尔斯。此犬种很善于牧牛，由于其动作机敏，当家畜发怒时能以极快的速度逃开。

在韦尔斯语中"cor"意指看管或聚集，而"gi"就是狗，所以"corgi"的意思就是"会看管的狗狗"，刚好符合它们牧牛的本能；此外"corgi"也有娇小的意思，恰巧符合它们短小精悍的模样。

科基犬有两种，一种是潘布鲁克韦尔斯科基犬，另一种则是卡狄根韦尔斯科基犬。其中，潘布鲁克犬种在国内占较大多数，它们的毛色比较浅，体形较小且没有尾巴；而卡狄根韦尔斯科基犬则拥有如狐狸般的毛刷状长尾巴。

韦尔斯科基犬的四肢短而有力，足掌厚重，后肢特别强健，是天生的牧牛勇士。它们凭借着短短的身躯在牛群中钻进钻出，用嘴巴轻轻地拉扯牛只的后脚跟，驱赶牛群前进。强而有力的短肢，让它们在遭遇危险时，能够在瞬间发足狂奔，同时跳跃力很强，天生是玩飞盘的高手。

如果狗狗出现乞食行为，请不要理睬它，也不要心软把食物给狗狗吃。应将狗狗带回狗窝或将它拴在固定的角落，等到家人用餐完毕再将它放开。

性格与相处

韦尔斯科基犬相当活泼好动，喜欢户外活动，也喜欢跟饲主黏在一起。它们相当聪明独立，服从意愿强且学习能力高。或许是善长放牧的缘故，韦尔斯科基犬有着小型犬的体形与大型犬的性格，所以因为居住环境大小限制而不能饲养大型犬的人，可以考虑饲养韦尔斯科基犬。

韦尔斯科基犬因为天生的工作习性，有时会不经意地轻咬人的脚跟，若咬到小朋友的脚跟，说不定会因此让小朋友对狗狗产生恐惧感，对此饲主要多加注意。

饲养与照顾

韦尔斯科基犬的精力相当旺盛，需要每天运动。因为是短毛犬且毛质柔顺，只需用专门去除里毛的刷子帮它们将背上的里毛梳掉即可。

此外，它们容易出现椎间盘突出的相关毛病，这与它们身体长且四肢短有关。切记不要让它们从高处跳下来或仅用后肢站立。而体重超标也会造成脊椎的负担，所以要控制体重。

饲养韦尔斯科基犬时，基本的服从训练很重要，因为它们很容易忘记自己的地位，而且个性好动，可能会出现破坏家具之类的行为。另外，它们也容易有过度吠叫的问题，看见陌生人就叫个不停，特别喜欢用声音表达情绪，这些都需要适当的教育，以免造成饲养上的困扰。

喜乐蒂牧羊犬
Shetland Sheepdog

喜乐蒂牧羊犬就像是迷你版的可利牧羊犬，小巧灵动的身躯在草地上来回跑动，轻柔优雅的脚步，温驯善良的性格，短短的小垂耳，柔顺的被毛。它们身躯虽小，但与生俱来便有很好的体力、跳跃力和跋山涉水的能力。

喜乐蒂牧羊犬资料

体形：中型犬

身高：33~41 厘米

体重：6~10 千克

原产地：英国

历史：起源于 18 世纪，1909 年 KC 正式认可此犬种，1911 年 AKC 正式认可此犬种。

用途：牧羊

性格：活泼、聪明

拥有平直的背部与丰厚的被毛

身上白毛的面积不超过全身毛量的 50%

喜乐蒂牧羊犬Shetland Sheepdog

特征

2 头上两只小耳朵长得很近，兴奋时会向后翻，警戒时耳朵会直立起来，平常耳尖稍稍下垂。

1 长头形。

3 平直的背部。

4 颈部一圈白毛为其特征。

5 前肢后侧有边毛。

6 毛色有黄褐与白色，黄褐与黑白间杂、黑色与黑色及大理石色。

7 身上的双层毛有保暖的功效。

起源与特色

　　18世纪以来，喜乐蒂牧羊犬一直在苏格兰外海的喜乐蒂岛上担任驱赶羊群的工作。据说喜乐蒂牧羊犬的祖先是随着捕鲸船来到此处的牧羊犬，经过几代的犬种改良，培育出喜乐蒂牧羊犬这种缩小版的迷你牧羊犬，不仅适应了岛上寒冷的气候，也适应了有一餐没一餐的贫困生活。

　　喜乐蒂牧羊犬的英文原名为 Shetland Sheepdog，喜乐蒂犬（Sheltie）为其简称。因为"喜乐蒂"一名较为传神，故此昵称沿用至今。它们在欧美一直受到人们的欢迎，因为其性格热情洋溢、温和善良，体态优雅高贵，有"犬中女王"的称号。

　　喜乐蒂牧羊犬的体形在牧羊犬中属于非常娇小的，身高只有35厘米左右。在犬赛中若是身高低于33厘米或高于41厘米就算不合格，没有参加犬赛的资格。而喜乐蒂牧羊犬的身高，大约在9个月时即已定型。

　　喜乐蒂牧羊犬的双层毛有保暖的功效，颈部披着一大圈白毛为其特征。头上两只小耳朵长得很近，兴奋时会向后翻，警戒时耳朵会直立起来，平常耳朵稍稍下垂。依遗传基因的不同，有的喜乐蒂牧羊犬体形较大，也有耳朵并不下垂的喜乐蒂牧羊犬。

性格与相处

　　喜乐蒂牧羊犬在恶劣的苏格兰高地中磨练出警觉性高、乐于合作、勤快又开朗的个性，加上它们聪明且愿意服从命令的特质，因此普遍解决狗狗乞食的方法，首先要坚持不让狗狗吃人类的食物，同时让狗狗养成在固定时间和固定地点吃饭的习惯，建立人先用餐，狗再吃的用餐顺序。

受到人们喜爱。

它们的智力与学习能力都很高，深谙察言观色的道理，会观察家中成员地位的高低，借此选择服从谁的指令。当它们对家有认同感时，就会喜欢与家人为伍。

当喜乐蒂牧羊犬完全融入家庭生活时，就会成为一只对饲主忠实的家庭玩赏犬，但是对陌生人的态度仍会有所保留。它们的个性较敏感，听见陌生人的脚步声，会敏感且尽责地对陌生人狂吠，饲主要适时地制止狗狗吠叫，以免遭到邻居的抗议。

身为吃苦耐劳的牧羊犬，喜乐蒂牧羊犬与生俱来便拥有很好的体力、跳跃力和跋山涉水的能力。除此之外，它们还有将小动物驱赶成群的习惯，有时遇到小朋友，它们甚至会试着将小朋友围成一圈，充分显露其天生性格。

饲养与照顾

喜乐蒂牧羊犬拥有双层毛，4~6个月换一次毛，照顾上最需要注意的就是定期帮它们整理毛发。每天都要帮它们梳毛5分钟，避免身上的长毛打结。

好动的它们会在家中横冲直撞，若要消耗它们的精力，需要每天带它们到家附近的公园跑跑。建议让喜乐蒂牧羊犬和饲主一起生活，让它们从生活中学习，不要总关在笼子里，免得太过于神经质，而养成随意对陌生人吠叫的习惯。晚年需特别注意狗狗眼睛方面的疾病。

Chapter 6

边境牧羊犬
Border Collie

　　边境牧羊犬灵活的四肢是敏捷犬赛场上的常胜将军，而极佳的跳跃力又使它成为玩飞盘的高手。边境牧羊犬拥有黑白分明的外形、奔驰时的高速与弹性、坚韧的毅力、良好的耐力及动静分明的性格。据研究它们也是世界上最聪明的犬种。

边境牧羊犬资料

体形：中型犬

身高：46~54 厘米

体重：14~20 千克

原产地：英国

历史：起源于 18 世纪，1976 年 KC 登录为
　　　单一犬种，1995 年 AKC 正式认可此
　　　犬种。

用途：牧羊

性格：聪明、热情、充满好奇心

成犬的模样

幼犬的模样

边境牧羊犬Border Collie

特征

1 长头形，头骨宽阔。

2 短耳，直立或半垂耳皆可，但不可完全垂耳。

3 眼睛呈圆形，眼珠为深褐色或棕色。

4 以黑白相间的毛色组合为最常见，头顶中间要有一圈白毛，四肢和尾巴末端也要有白毛，但很重要的是，白色绝不能成为主要颜色。

5 柔软的饰毛披覆全身。

6 后肢的肌肉发达，后肢曲线稍向尾巴处倾斜。

Chapter **6**

起源与特色

边境牧羊犬发源于苏格兰与英格兰的边境地区，是一种非常古老的犬种，1976 年 KC 将其登录为单一犬种。苏格兰人在不适农耕的苏格兰山区以放牧绵羊为生，边境牧羊犬身躯灵活，观察力敏锐，善于察言观色，是牧羊人不可多得的好帮手。

边境牧羊犬有长毛和短毛两种，最常见的毛色为黑和白，柔软的饰毛披覆全身，主要的色块为黑色，头顶中间有一白色区块，颈部则有一圈白毛，四肢和尾巴末端也有白毛。另外还有黄白、三色及大理石色的组合。它们的头骨宽阔，耳朵半竖立的向前倾，当听见任何吸引它的声响或发现有异状时，耳朵还会随之活动。

它们的嗅觉灵敏、精力无限、动作灵活且聪明伶俐，体形相当结实，后肢肌肉发达，所以跳跃力高，走路及奔跑时姿态轻盈，能突然改变速度和方向而不失去平衡和优雅。国外常将边境牧羊犬训练成飞盘狗或训练其参加敏捷犬比赛。

性格与相处

边境牧羊犬的外形看起来不像黄金拾猎犬和拉不拉多拾猎犬那样温和热情，它们个性中庸内敛，不会过度热情而不知节制，它们不会急于扑向陌生人，可是一旦混熟之后还是相当渴望人的拥抱。

边境牧羊犬特别聪明，指令接受度高。美国哥伦比亚大学心理学教授 Stanley Coren 对百余种犬种进行了研究，结果发现在所有犬种

> "分离焦虑症"指的是狗狗无法忍受和某些特定对象分开，一看不见家人就会不停哀叫，无法忍受被单独留在家中，因而所产生的焦虑情绪。

中，边境牧羊犬的智力最高，理解力最强，平均只要教 5~10 次，聪明的边境牧羊犬就可以懂得饲主的意思。以成犬来说，它们的智力相当于 3 岁小孩。

它们尽管天生活力十足，却相当温顺、聪明且容易训练，只要经过良好的教导及专业的训练，边境牧羊犬在家会像是小白兔一样安静温驯，和它在运动场上的表现有天壤之别，这种截然不同的面貌，正是边境牧羊犬最吸引人的地方。

饲养与照顾

边境牧羊犬的运动量非常大，每天没有跑上 0.5~1 小时就无法发泄它们的精力，在乡村或田野山林间饲养边境牧羊犬较为合适，给它们一个自由奔跑的空间与场所，成长才不会受限。

边境牧羊犬具有天生的放牧与搜寻天性。当边境牧羊犬成长到 4 个月时，会开始追逐任何会移动的物体，若饲主没有加以制止，它们会将移动的物体圈起来，就像在驱赶羊群一样。边境牧羊犬也会用眼神凝视它们想要征服的对象，这种眼神控制的方式是边境牧羊犬最特别的牧羊方式。

边境牧羊犬的智力高，它们甚至能够揣测饲主的心意，因此饲主必须对其进行基本的服从训练，避免它们位阶比饲主高而不受控制。

另外，需特别提醒的是，边境牧羊犬的毛较长，每天要帮它们梳毛 10 分钟，以避免身上的长毛打结。

澳洲牧羊犬
Australian Shepherd

澳洲牧羊犬拥有迷人的漂亮长毛与高度的服从性，在搜寻与救难工作中的表现更是出色。它们拥有驰骋田野的充沛体力，速度很快，即使和马儿并驰也显得轻松自如，性格活泼大胆、聪慧、独立且富责任感，是相当惹人疼爱的犬种。

澳洲牧羊犬资料

体形：大型犬

身高：46~58.5 厘米

体重：16~32 千克

原产地：美国

历史：起源于 19 世纪，1991 年 AKC 正式
认可此犬种。

用途：牧羊

性格：聪明、服从

毛色变化明显且
眼睛颜色多种

体形与边境牧羊犬近似，易混淆

澳洲牧羊犬 Australian Shepherd

特征

1 长头形。

2 三角形的长耳。

3 眼睛的颜色多种。

4 被截短的尾巴。

5 胸部与颈部被毛厚长。

6 身上的长毛蓬松而粗糙。

7 骨骼粗壮且有力的四肢。

8 毛色有深蓝色、深红色、黑色、红色、大理石色或黑黄色夹白色。

353

Chapter **6**

起源与特色

　　澳洲牧羊犬虽然被冠上澳洲之名，实际上它们主要是在美国培育的。19世纪初，法国与西班牙的巴斯克地区人民迁徙至澳洲时，将他们的羊群与牧羊犬一同带了过去，那就是最早的澳洲牧羊。此后，这些移居澳洲的牧羊人，又带着它们移民到美国西部定居。因为是经由澳洲被送到美国，故得此名。

　　而澳洲与美国西部的荒芜土地，需要的是拥有高度工作能力的新犬种牧羊犬，在历经不断育种改良之后，畜牧和放牧能力一流的澳洲牧羊犬是人们最好的帮手。

性格与相处

　　澳洲牧羊犬的个性活泼大胆，聪慧、独立而富有责任感，是相当惹人疼爱的犬种。一般来说，澳洲牧羊犬与人的关系都非常好，是相当亲近人且容易训练的犬种。

　　和大多数的牧羊犬（如边境牧羊犬、德国牧羊犬及喜乐蒂牧羊犬）一样，澳洲牧羊犬的智商也相当高，当饲主下达命令时，它们的完成度高达95%，除了高服从性外，畜牧能力更是一流。也有人指出澳洲牧羊犬除了牧羊外，牧牛能力也是不容小觑。

> 解决"分离焦虑症",除了给予基本的"笼内训练",培养狗狗独处的安全感及信心外,有空的时候也要多陪陪狗狗,让它了解饲主绝不会抛弃它。

饲养与照顾

澳洲牧羊犬需要充足的运动量,应该每天让它们到外面活动筋骨、发泄精力,因此它们比较适合被饲养在有足够户外空间的乡间或郊外地区。此外,饲主需勤于为它梳毛整理,以避免天生靓丽的长毛纠结在一起。

其实澳洲牧羊犬很适合玩并接飞盘游戏,只要能让它们充分运动并施以基本训练,它们绝对是效忠饲主且行为顺从的好伙伴。

澳洲牧羊犬与边境牧羊犬的特征差异

特征	澳洲牧羊犬	边境牧羊犬
毛色	蓝色、深红色、黑色、红色夹白色或红铜色斑	多为黑白相间,也有黄白、三色或大理石色的组合
耳朵	耳朵半竖立	耳朵竖立
体形	身高:46~58.5厘米 体重:16~32千克 体形与四肢较壮硕	身高:46~54厘米 体重:14~20千克
原产地	美国	英国

Chapter 6

可利牧羊犬
Collie

　　可利牧羊犬美丽的长毛披覆全身，毛色均匀，尾巴被毛浓密；长而尖的吻部，全身骨架结实，四肢修长且匀称；具有优雅的身形与机敏的形象。1943 年，电影《灵犬莱西》的风行，使可利牧羊犬在众人的心中历久不衰。

可利牧羊犬资料

体形：大型犬

身高：51~61 厘米

体重：20~30 千克

原产地：英国

历史：起源于 16 世纪，1885 年 AKC 正式
　　　认可此犬种。

用途：牧羊

性格：忠诚、明朗、感受力强

别名：苏格兰牧羊犬（Scotch Collie）、
　　　长毛可利犬（Rough-haired Collie）

长形的身体与蓬松的被毛

长尾巴可以维持奔跑时的平衡

可利牧羊犬Collie

特征

2 耳尖下垂，半立耳，紧张时会竖起。

1 长头形。

3 长而尖的吻部。

7 被毛浓密的尾巴。

4 白色长毛环绕整个颈部、前胸、四肢和尾部。

5 毛色主要有白色搭配黄褐色、黑色搭配黄褐色，以及黑色、黄褐色搭配灰色等。

6 长毛披覆全身，毛色均匀。

起源与特色

　　可利牧羊犬原生长在苏格兰北部的寒冷地区，繁殖初期为协助牧羊人工作。但在1860年维多利亚女王出游时，可利牧羊犬受到女王的宠爱，一时之间，皇亲贵族争相饲养可利牧羊犬，带动了可利牧羊犬的流行。1943年，随着电影"*Lassie Come Home*"（《灵犬莱西》）拍摄完成，更让可利牧羊犬从此深入人心。

　　可利牧羊犬依被毛可分为长毛牧羊犬与短毛牧羊犬两种，此处所指的为长毛牧羊犬，也称"苏格兰牧羊犬"。

　　可利牧羊犬的举止散发着贵族气息，趴下来的时候前肢自然呈交叉状摆放，非常优雅。美丽的长毛披覆全身，毛色均匀，尾巴被毛浓密，长而尖的吻部，全身骨架结实，四肢修长匀称，姿态优雅。

　　它们有一对灵动而充满感情的耳朵，会通过耳朵表达自己的情绪。当两耳向后翻时，表示内心紧张；当耳朵高高竖起呈半直立状时，表示处于警戒姿态；当两耳自然放下，表示高兴愉悦。它们的听觉非常敏锐，500米以外的声音仍听得见。

　　可利牧羊犬身体强健，据说单日可跋涉160千米以上。即使高速奔跑仍保持着机灵观察四方的习性，长尾巴能维持奔跑时身体的平衡，并可轻松地转换跑步的方向。柔软温顺的被毛下，隐藏的是坚毅的使役犬性格。

有些狗会对特定的声音感到害怕，改善的方法是将声音源由小而大、由远而近，时间由短而长放给狗狗听，慢慢降低它对声音的敏感与害怕，这就是所谓的"减敏训练"。

性格与相处

可利牧羊犬外形美丽，聪明伶俐，个性稳重，对小孩包容，喜欢取悦于人，对训练也有很好反应，可以说是理想的家庭成员。

同时，它们的个性温驯，对饲主感情丰富，平常不会显露软弱的一面。它们不论对小孩或老人都能保持友善的态度，只要饲主下达命令，可利牧羊犬会尽心尽力地运用它们的聪明智慧，保护小朋友。

饲养与照顾

可利牧羊犬的运动量大，建议有意饲养的饲主能够每天抽出半小时陪它们跑跑，让它们的骨骼发育健全，也可以通过运动的时间培养饲主与狗狗的默契。

可利牧羊犬属于双层毛的长毛狗，为了保持被毛的健康靓丽，建议每天帮狗狗梳毛整理毛发至少 10 分钟。

若饲养在家中，建议不要将它们关入笼子里或用牵绳限制它们的行动，让它们自由走动，对它们的身心发育会较好。此外，可利牧羊犬对于伊维菌素（Ivermectin）这类药物相当敏感，需小心使用。

古代英国牧羊犬
Old English Sheepdog

　　古代英国牧羊犬一身柔顺的毛，看起来憨厚、傻乎乎的大块头，混在羊群中让人分不出哪只是羊，哪只是狗。静止不动时是孩子最喜欢的大玩偶，成熟稳重且带点君子风范，这就是它最迷人的地方。

古代英国牧羊犬资料

体形：大型犬

身高：56~61 厘米

体重：25~35 千克

原产地：英国

历史：起源于 19 世纪，1888 年
　　　AKC 正式认可此犬种。

用途：牧羊

性格：温和、活泼

幼犬时毛色黑白分明，长大后转为灰白色

40 天左右的模样

古代英国牧羊犬 Old English Sheepdog

特征

2 短短的小耳朵。

3 白色被毛覆盖整个头部。

4 尾巴蓬松不卷曲，有的天生没有尾巴。

1 长头形。

5 眼睛大部分呈蓝色或棕色。

6 拥有两层被毛，浓密卷曲的毛，服帖于身体上。

7 身体前半部为白色，后半部为蓝灰色。

8 足掌粗壮而圆。

9 四肢肌肉强壮发达，适合奔跑。

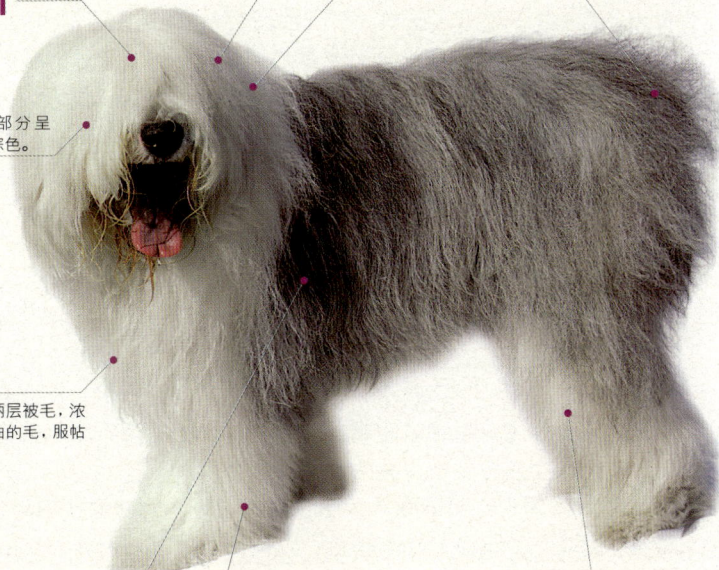

起源与特色

古代英国牧羊犬是在19世纪才出现的犬种，由繁殖犬种的商人培育出，是来自于欧洲大陆的牧羊犬种。追溯古代英国牧羊犬的血统，其实并没有定论。根据推论，可能是包加马斯卡犬、伯瑞犬或苏俄欧加卡犬等混种而成。原来被当做看门犬或拉车犬使用，后来因其个性温驯及聪明伶俐可训练的性格，渐渐成了牧羊人的好帮手。

古代英国牧羊犬体形庞大，加上厚重的被毛，让它们看起来更加壮硕。动作不算敏捷，让人猜不透，以它的行动速度怎么可以牧羊呢？原来是一身长毛让它们可以轻易地躲在羊群之中，除负责赶羊之外，还可以吓跑来侵袭的狼群。因为其性格温驯，除了牧羊之外，还可帮农夫照看小孩。

它们的被毛浓密而长，前半部为白色，几乎盖住整个脸，后半部为蓝灰色。底层软毛可防水，外层粗毛则有保护作用，所以若不仔细梳理，就会像个脏拖把。眼睛大部分呈蓝色或棕色，尾巴则蓬松不卷曲。有的天生没有尾巴，有的则是被饲主截断。

小时候的古代英国牧羊犬毛色黑白分明，远远看去有点像熊猫。随着年龄增长，毛色会渐渐褪色，从刚出生的黑白色转为灰白色。

性格与相处

古代英国牧羊犬看起来憨厚温驯，活像个毛茸茸的大白熊，给人一种强烈的亲近感，怕大狗的小孩也很难抗拒它们的魅力。它们的个

> 很多狗狗吃便便是因为太无聊，当饲主发现时总是大呼小叫，用尽各种方法阻止狗狗，这反而会让狗狗以为便便是很珍贵的东西，下次会想尽办法偷吃。

性稳重温和，体形虽大，但不至于太过于撒野；叫声惊人，却不太随便吠叫，所以很适合饲养在住宅区里。

此外，古代英国牧羊犬不会耍脾气，而且它们相当合群，与人或其他犬种都能够和平共处，也相当乐意与小朋友及小狗狗玩耍，国外甚至有人将它们训练成婴儿保姆。

古代英国牧羊犬在年纪较轻时，会出现一段短暂的破坏期。在两岁过后，个性会渐趋稳定，如果能够度过两岁前的这段破坏期，那古代英国牧羊犬将是不可多得的居家良伴。

饲养与照顾

古代英国牧羊犬的被毛又厚又长，得花时间整理，包括经常梳毛、清洗和适时的修剪。因为它们特别怕热，夏天时最好能在清晨太阳还没出来或傍晚过后再带出门散步。居住环境要能通风散热，并提供充足的饮水，避免狗狗中暑。

古代英国牧羊犬的眼睛怕光，虽然它的眼睛经常被毛遮盖住，但只需适当修剪即可，不要帮它们刻意绑起来，那样反而会让它们的眼睛直接受到光的刺激，感到不舒服。

它们不需要大量的运动，每天只需抽出半小时的时间陪它散步，再抽出 10 分钟帮狗狗梳毛，陪它们玩玩简单的游戏就足够了。

德国牧羊犬
German Shepherd Dog

德国牧羊犬就是俗称的狼犬，其硕大的身躯与服从稳健的个性，让人觉得非常有安全感。因此常被用于侦察犬、缉毒犬和搜救犬，世界上有超过 90% 的军警用犬为德国牧羊犬，可见其稳定度良好。

德国牧羊犬资料

体形：大型犬

身高：57~62 厘米

体重：34~43 千克

原产地：德国

历史：起源于 19 世纪，第一次展出是在 1882 年德国汉诺威展览会上。1914 年美国成立德国牧羊犬俱乐部。1908 年 AKC 正式认可此犬种。

用途：牧羊

性格：聪明、服从

别名：德国狼犬

常被用于军警用犬

耳朵有专属的"耳号"以确认血统身份

德国牧羊犬 German Shepherd Dog

特征

1 长头形。

2 耳根宽，尖耳。

3 中长毛，外层毛
发硬而直，内层
毛较浓密。

4 黑鼻子。

5 吻部长度占
头部的一半。

6 圆足。

7 休息时尾巴如军
刀般弯曲垂下。

起源与特色

有关德国牧羊犬的起源说法不一，比较确信的是该犬种于1880年在德国地区固定下来。

德国牧羊犬俗称"德国狼犬"，是具有多项才能的工作犬。第一次世界大战时，德国牧羊犬随德军作战，表现杰出，后来随士兵到达美国及英国。1882年，在德国汉诺威的展览会上第一次展出，1920年及1950年因相继出现在电影中而声名大噪。

德国牧羊犬的完美体态与性格，是经过育犬专家不断改良而成。以犬种标准而言，出色的德国牧羊犬需给人以健壮、敏捷、肌肉发达、警觉性高且充满活力的第一印象。身体协调匀称，身体的长度要比身高还长一些，具厚实感，呈现出整体流畅的曲线。它看起来结实，无论处于静态或动态，皆给人以结实健康、肌肉发达及动作敏捷的感觉，而非笨拙或显得无精打采。在体态上需呈现无所畏惧的自信，步伐上轻松、自信、协调且有节奏感，能以最少的步伐数，跨越最多的地面范围。

德国牧羊犬被毛分成两层，外层毛硬而直，内层毛较浓密。它们有尖尖的的大耳朵，吻部长度占头部的一半。放松时尾巴如军刀般弯曲垂下而非翘起，这是它们的特征。

> 狗狗在草地上打滚，除单纯的搔痒外，同时也是一种标记行为，因为狗狗的身上有皮脂腺，脚底有汗腺，它会利用磨蹭把腺体的味道留下来做记号。

性格与相处

德国牧羊犬最为人称道的地方除了雄壮威武的外表之外，就属那绝对服从的个性。它们会绝对忠于现任的饲主，并且依照饲主的指令做出正确的动作。若遇到更换饲主的情形，仍然可以很快地融入新饲主的生活。与其他一生只忠于一个饲主的犬种相比，德国牧羊犬对环境的适应力更强，这种特性对于军队及警察单位经常遇到退役或指导员换人的情况是有利的，德国牧羊犬很快便能适应新的训练者。

因此可知为何世界上有超过90%的军警用犬为德国牧羊犬。德国牧羊犬常被用来当做侦察犬、缉毒犬和搜救犬。

它们是攻守皆宜的犬种，当成看门狗与宠物狗都很合宜，但需避免狗狗跑出去误伤陌生人。若要饲养该犬种，建议一定要送至专业的学校训练或饲主能够自行训练，以免狗狗不听操控。

饲养与照顾

德国牧羊犬的毛是直毛，一年换毛两次，换毛时在整理上较麻烦，其余时间只要稍微帮它们梳毛即可。它们在年轻时的活力超强，必须能忍受它们的活力与破坏力。

德国牧羊犬有髋关节发育不全的遗传性疾病，在选择狗狗时，务必确定其父母及祖父母没有髋关节的问题。

比利时玛利诺犬
Belgian Malinois

比利时玛利诺犬乍看似乎与德国狼犬外形相似,但是却更为轻巧、迅速、敏捷及活力充沛,因为它们在世界各地的训练犬比赛中表现杰出,也成为最适合担任军警用犬和搜救犬任务的犬种之一。

比利时玛利诺犬资料

体形: 大型犬

身高: 55~65 厘米

体重: 27 千克左右

原产地: 比利时

历史: 起源于 13 世纪,1959 年 AKC 正式认可此犬种。

用途: 牧羊、警卫犬

性格: 沉稳、聪明、警戒心强

别名: 玛利诺斯犬、比利时玛利诺牧羊犬

与德国狼犬的模样非常相似,易混淆

公犬 1 岁 2 个月的模样

比利时玛利诺犬Belgian Malinois

特征

1 长头形。

2 耳朵形状近似等边三角形，立耳。

3 被毛相当短、直、硬且能抵御恶劣气候，有浓密的底毛。

4 尾巴根处结实，尾骨延伸至关节，运动时，尾巴凸起呈曲线状。

5 眼睛为褐色，略呈杏仁状，眼圈为黑色。

6 头顶略平坦，不呈圆拱形。

7 毛色为黑长毛、红长毛、浅黄色至灰黑色短被毛，松毛刚毛。

8 体形近似正方形。

9 前肢直，后肢大腿肌肉发达。

10 似猫足，足趾圆拱且非常紧密。

Chapter **6**

起源与特色

　　比利时玛利诺犬是唯一的比利时短毛牧羊犬，也是颇负盛名的古老品种，发源于比利时的马林附近。18世纪左右在欧洲各地皆可看到比利时牧羊犬，直到20世纪初以前，比利时牧羊犬在比利时附近地区被广泛地用来看守羊群，后来，由于守护羊群的需要减少，饲养者将这些牧羊犬配种改良成4种不同颜色被毛的基本犬种。

　　比利时牧羊犬4个犬种类型分别以布鲁塞尔附近的4个地名来命名：比利时赫鲁戴尔犬，属于黑色长毛；比利时特伏丹犬为红色长毛，由鹿黄色至桃红色，有黑毛在表面；比利时玛利诺犬为浅黄色至灰黑色短被毛；比利时尼坚诺犬为短毛刚毛，是比利时牧羊犬4犬种中最小和最不为人知的一种。目前，比利时玛利诺犬在犬种标准上已获得认可，美国于1907年传入此犬种作为警用犬。

　　在世界各地，以比利时玛利诺犬为最常见，一身利落的黄黑交杂短被毛，脸部及耳朵部分为黑色，比例匀称，整体接近正方形，态度文雅，头部和颈部非常高傲地昂起，嗅觉灵敏、肌肉发达、结实，步法轻松、灵活，弹性佳，移动速度快、耐力持久，永远都保持警觉性。整体的印象有深度、可靠，但并不显得粗笨，乍见或许会觉得与德国狼犬相似，但深入了解后又发现二者之间区别明显。

　　近年来通过优秀的培育，其聪明、敏捷、勇敢、优异的工作能力与强烈的工作欲望更加突出，比利时玛利诺犬在欧洲各大训练犬比赛中获得杰出的成绩，进而有成为第一护卫犬的趋势，目前被广泛使用于欧美军警界或被用来作为护身用犬，同时在家庭犬饲养方面也深受

比利时玛利诺犬与德国牧羊犬的特征差异

特征	比利时玛利诺牧羊犬	德国牧羊犬
毛色	浅黄色至灰黑色短被毛 脸部和耳朵为黑色	黑带褐色、黑带红色、黑色、黑貂色、黑带银灰色
体形	体重较轻，身材匀称，体形呈正方形	体重较重，后肢弯度较大，体形呈梯形
活动力	奔跑时后屈角度较浅，爆发力强	奔跑时后屈角度深，耐力好
原产地	比利时	德国

喜爱。

比利时玛利诺犬有多种用途，也是非常聪明的犬种，在许多活动中都表现得非常杰出，如追踪、警戒，毒品和炸弹探查、搜寻救护、牧羊和拖曳。经过适当的社会化训练，也可以成为优秀的家庭伴侣犬。

性格与相处

比利时玛利诺犬是天生的牧羊犬，活力充沛，容易驯服，对饲主的命令使命必达，喜欢保护羊群，继而扩展到保护饲主和饲主的财产。它们非常警惕、专注且付之行动。它们对关注的事物热心，有很强的占有欲，不会毫无理由或无原因的凶狠攻击。由此而知，比利时玛利诺犬本性是友善且友好的，如经专业训练，其天性优势几乎可完全发挥出来。

饲养与照顾

虽然它们的体形较大，但是习性良好且无体臭，被毛也易于整理。唯一要特别考虑的是，由于其牧羊犬的天性与机警敏捷的特质，是很适合饲养在户外的看守犬，它可以轻松胜任并通过大量运动来满足它的工作欲望，如要当成家庭犬饲养在室内的话，需要有足够宽敞的空间让它活动。

巨型雪纳瑞犬
Giant Schnauzer

巨型雪纳瑞犬从外形上看起来和标准雪纳瑞犬、迷你雪纳瑞犬都很类似，但事实上它们是三个独立分开的犬种。巨型雪纳瑞犬在过去作为工作犬，被培育成聪明、有活力、机智且多用途的犬种。

巨型雪纳瑞犬资料

体形：大型犬

身高：60~70 厘米

体重：32~35 千克

原产地：德国

历史：起源于 15 世纪，1930 年 AKC 正式
　　　认可此犬种。

用途：驱赶牛群

性格：忠诚、防御力强

吻部的胡须是其特征

前肢肌肉发达

巨型雪纳瑞犬 Giant Schnauzer

特征

1 长头形，前额平坦。

2 耳朵呈"V"字形，直立或前倾。

3 眼睛呈椭圆形，深棕色。

4 为方便驱赶牛羊，所以出生即进行断尾。

5 嘴部有连鬓胡子和粗短的髭。

6 方形的体格。

7 有双层被毛，毛量浓密，毛质刚硬。

8 毛色有全黑与椒盐色。

起源与特色

　　巨型雪纳瑞犬的前身是标准体形的雪纳瑞犬。由于标准体形的雪纳瑞犬体形太小，无法顺利地驱赶牛羊群，所以将标准体形的雪纳瑞犬与长毛牧牛犬进行交配，在19世纪初时，产生了现今的巨型雪纳瑞犬。巨型雪纳瑞犬肌肉发达，强壮有力，是多才多艺的犬种，可胜任警卫犬、守护犬、警犬、搜救犬及看门犬等。

　　它们首次展出是在1909年德国慕尼黑展览会上，当时的名字是俄罗斯雄髯犬。在早期的培育阶段也曾被称为慕尼黑髯犬。

　　它们有两层厚厚的被毛，毛质刚硬，毛色为发亮的黑色或搭配一点椒盐色和胸前的白斑点，除此之外没有其他毛色。吻部周围的胡须是一大特征，下巴上有连鬓的胡子及粗短的髭毛，又粗又硬像铁丝。耳朵大部分是垂下的，但在犬种比赛中为了展现巨型雪纳瑞犬昂首阔步的感觉，所以都以定型液来塑型。前肢肌肉发达，奔跑时步伐感觉虽不轻盈，但狂奔时却给人一种很有力量的感觉。

性格与相处

　　巨型雪纳瑞犬聪明机警、冷静沉着，行动谨慎又忠心耿耿，因此也常被作为警犬。

　　巨型雪纳瑞犬虽对饲主忠心耿耿，但它们却具有强烈的支配性格，在安静的时候它们能够安然处于不同的环境；在警戒的时候，它们能够对自己认定的领域进行支配的动作。凭着这样的本能，19世纪时，巨为狗狗选项圈时，如果购买时狗狗无法同行，可以在家先确定它的颈围是多少，然后再加上2厘米，就是狗狗项圈所需要的基本长度。

型雪纳瑞犬被当成牧牛犬来使用，负责驱赶牛群朝固定的路线前进。

它们很喜欢和家人相处，非常的忠心，会积极地捍卫自己的家人和财产。与家中的小朋友和其他宠物都能保持友善的关系。但若是陌生的人或动物接近，它们则会变得警戒，因此除了正确的行为训练外，出门务必牵着，以免发生突发性的攻击。

饲养与照顾

巨型雪纳瑞犬不大会换毛，也没有体味，但需要每半年为它清除坏死的硬毛，因为坏死的硬毛并不会自行脱落，而粗糙且刚硬的被毛需要专门的美容技师来照顾。除了定期去宠物美容院整理之外，平时也要经常梳毛，以保持毛发的顺畅。此外，巨型雪纳瑞犬的毛色虽是黑色的，但有一部分的黑毛可能会淡淡地褪成铁灰色。

巨型雪纳瑞犬的运动量大，需提供给它们足够的运动空间与时间，以适当消磨它们的精力。

巨型雪纳瑞犬也容易罹患髋关节发育不全症，需特别注意。而容易过敏的体质在巨型雪纳瑞犬身上也常见，饲主在居家环境及喂食上要注意。

Chapter 7
认识犬展比赛
About Dog Show

犬种标准指的是针对各犬种制定出必须具备的理想条件，是犬展比赛审查中最重要的评判点。对于饲养者来说，尽力维护该犬种完美的体形与性格，也是一项非常重要的标准。

犬展比赛的分类方式

　　犬展比赛的目的，一是为了使大众了解纯种犬的魅力并努力加以普及，二是挑选体格符合理想的狗狗并加以奖励，进一步促进该犬种可以繁殖更优秀的下一代。

　　一般来说，犬展比赛可分为单犬种及全犬种。顾名思义，前者是单一犬种的比赛，后者则是所有犬种的比赛。基本上，赛事流程都会追随美国畜犬协会（AKC）及世界畜犬联盟（FCI）的规定，但有时会在分组依据和筛选流程上进行微调。

　　下面以全犬种的比赛为例说明。一场全犬种比赛，是通过犬种、年龄、犬种群的分类，循序渐进、分批淘汰。

年龄分类

　　年龄分类会以"细分类"和"粗分类"两种方式进行。事实上，每个举办单位的"年龄粗分类"大致相同，多为Baby（幼犬）组、Puppy（未成犬）组及Open（成犬）组。但在"年龄细分类"上，则有所不同。一般来说，细分类共有7组。

① 3~6 个月的特幼组	② 6~9 个月的幼小组
③ 9~12 个月的幼犬组	④ 12~15 个月的未成犬小组
⑤ 15~24 个月的未成犬大组	⑥ 24 个月以上的成犬组
⑦ 冠军组（获得冠军头衔犬）	

　　同时，在比赛过程中，又会将上述7组归类为以下3组，成为年龄粗分类。

Baby（幼犬）组：包括上表中①和②。

Puppy（未成犬）组：包括上表中③和④。

Open（成犬）组：包括上表中⑤、⑥和⑦。

而整场犬展比赛，就在这3组的基础上展开，进而产生各组的优胜犬。

犬种群分类

目前多数比赛是以AKC的规定为基准，因此在犬种群分类上，也多采用以下7种类别：

犬种群	犬种
兽猎犬群	阿富汗犬、长毛腊肠犬、刚毛腊肠犬和短毛腊肠犬等
工作犬群	杜宾犬、哈士奇犬、圣伯纳犬、罗威拿犬和秋田犬等
㹴类犬群	波士顿㹴犬、迷你雪纳瑞㹴犬、苏格兰㹴犬和西高地白㹴犬等
运动犬群	黄金拾猎犬、拉不拉多拾猎犬、美国可卡犬和英国可卡犬等
牧羊犬群	喜乐蒂牧羊犬、科基犬、德国牧羊犬和边境牧羊犬等
非运动犬群	法国斗牛犬、松狮犬、大麦町犬、日本柴犬和沙皮犬等
玩赏犬群	博美犬、玛尔济斯犬、吉娃娃犬、蝴蝶犬和约克夏犬等

奖项说明

为了更好地了解比赛流程,下列关于奖项的名词解释必须先了解:

- 1st.(First Place):每一细年龄组的第一席犬。
- 2nd. /3rd.(Second Place/Third Place):每一细年龄组的第二席犬 / 第三席犬。
- WD(Winner Dog):每一粗年龄组的公犬优胜犬。
- WB(Winner Bitch):每一粗年龄组的母犬优胜犬。
- BOB(Best of Breed):每一犬种的优胜犬。
- BOS(Best of Opposite Sex):每一犬种的相对异性优胜犬(若BOB 为公犬,BOS 则为母犬;反之,若 BOB 为母犬,BOS 则为公犬)。
- BIG(Best in Group):每一犬种群的优胜犬(FCI 的奖项名称)。
- BOG(Best of Group):每一犬种群的优胜犬(AKC 的奖项名称)。
- BOW(Best of Winners):所有组别的优胜犬(AKC 的奖项名称)。
- King:所有公犬中的优胜犬。
- Queen:所有母犬中的优胜犬。
- R-King(Reserved King):所有公犬中的准优胜犬。
- R-Queen(Reserved Queen):所有母犬中的准优胜犬。
- BIS(Best in Show):全场总冠军犬。

简单来说,一场全犬种比赛,通过犬种、年龄和犬种群的分类,在年龄粗分类的Baby(幼犬)组、Puppy(未成犬)组和Open(成犬)组的基础上展开,进而产生各组的BOB、BOS 和BIG 等,最后竞逐BIS。

犬展比赛流程

基本上，在犬展比赛中想要拿到全场总冠军，必须过关斩将。对狗狗来说，是艰辛的过程。

中国台湾犬展比赛流程

以中国台湾常见犬展比赛来说，该比赛流程是根据世界畜犬联盟（FCI）的比赛流程延伸而成，首先要先拿到该年龄组（如3~6个月或6~9个月）的优胜犬，接着再拿到该犬种（如黄金拾猎犬或迷你腊肠犬）的优胜犬，成为单犬种优胜犬（BOB）。紧接着必须与属于同样犬种群（依AKC标准可分为七大犬种群）的各只单犬种优胜犬竞争，获得该犬种群的优胜犬（BIG）。之后必须与其他犬种群的优胜犬（BIG）竞赛，再拿到优胜犬，成为King（公犬）或Queen（母犬），最后一关则是由King及Queen这两只全场最优秀的狗狗择一挑选，胜出者才可以成为全场总冠军（BIS）。由于比赛将各年龄层区分，因此一场比赛共有三个全场总冠军，即Baby（幼犬）、Puppy（未成犬）及Open（成犬）组。

中国台湾犬展比赛流程

Baby 组	ALL 公 → 各 Ist. 公 → BOB 公 → BIG 公 → Baby King	Baby 组 BIS
	ALL 母 → 各 Ist. 母 → BOB 母 → BIG 母 → Baby Queen	

Puppy 组	ALL 公 → 各 Ist. 公 → BOB 公 → BIG 公 → Puppy King	Puppy 组 BIS
	ALL 母 → 各 Ist. 母 → BOB 母 → BIG 母 → Puppy Queen	

Open 组	ALL 公 → 各 Ist. 公 → WD 公 冠军犬公 → BOB 公 → BIG 公 → Open King	Open 组 BIS
	ALL 母 → 各 Ist. 母 → WB 母 冠军犬母 → BOB 母 → BIG 母 → Open Queen	

国际犬展比赛流程

以下就美国畜犬协会（AKC）犬展比赛流程，分别说明BOB、BOW和 BOS 的产生过程。

AKC 的 BOB 产生流程

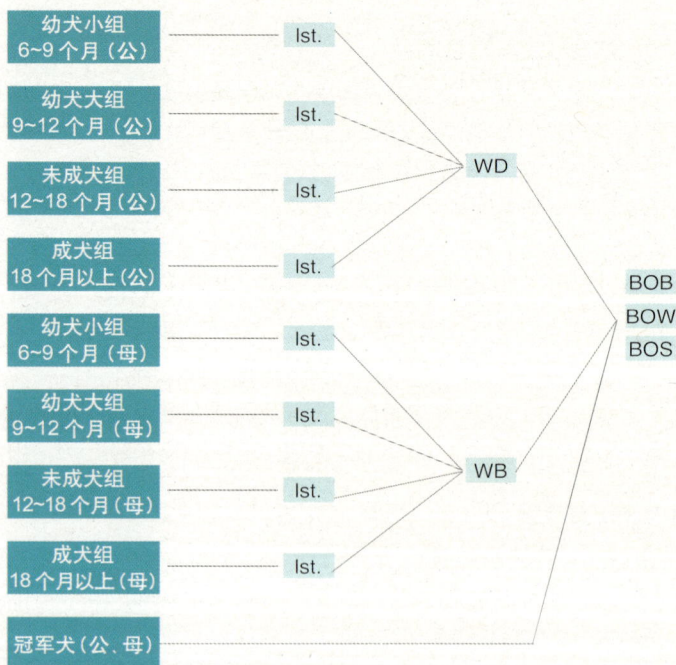

幼犬小组 6~9 个月（公）	Ist.	
幼犬大组 9~12 个月（公）	Ist.	
未成犬组 12~18 个月（公）	Ist.	WD
成犬组 18 个月以上（公）	Ist.	
幼犬小组 6~9 个月（母）	Ist.	BOB BOW BOS
幼犬大组 9~12 个月（母）	Ist.	
未成犬组 12~18 个月（母）	Ist.	WB
成犬组 18 个月以上（母）	Ist.	
冠军犬（公、母）		

AKC 的 BOG 产生流程

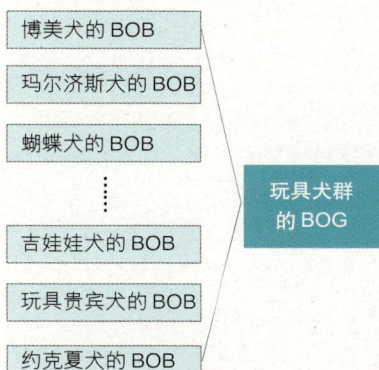

博美犬的 BOB
玛尔济斯犬的 BOB
蝴蝶犬的 BOB

⋮

吉娃娃犬的 BOB
玩具贵宾犬的 BOB
约克夏犬的 BOB

→ **玩具犬群的 BOG**

AKC 的 BIS 产生流程

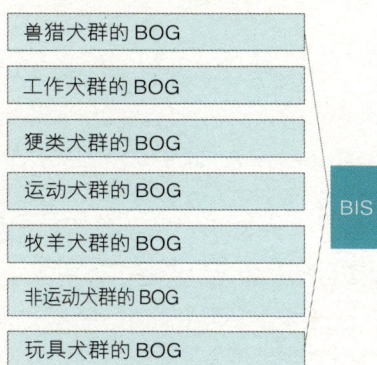

兽猎犬群的 BOG
工作犬群的 BOG
㹴类犬群的 BOG
运动犬群的 BOG
牧羊犬群的 BOG
非运动犬群的 BOG
玩具犬群的 BOG

→ **BIS**

比赛项目

比赛可分为静态和动态两大项目。在静态方面，会让犬以最佳的姿态站定，让审查员个别审查。仔细端详犬的身体比例、整体协调性及各个部位，如脸部、牙齿、耳朵、前后肢和肌肉等，要看口吻部够不够长、耳位够不够高、背线够不够平整、前肢够不够直及被毛够不够柔细，若有不符合标准的地方便失去资格或扣分。

接下来则是动态项目的审查，狗狗在指导手的牵引下走直线、三角形路线、绕圈，再回到原位。这部分主要是看犬在行走时的步态、步伐及临场表现，此外还有犬和指导手之间的互动与默契，这是审查员评分的非常重要的依据，更是得到评审青睐的重要因素。

在进行静态和动态评分之后，有时审查员会针对几只表现较佳的犬进行再次审查，察看之后，有时还会触审狗狗的身体各部位，看看肌肉和四肢够不够结实。在完成所有审查程序之后，便会排列名次。

犬展指导手

指导手（handler）又称牵引手，就是在犬种比赛中带领狗狗表演和展示的人。在犬展比赛里，总少不了带领狗狗比赛的指导手。他们领着狗狗有条不紊的进行比赛，专业的技巧让人佩服，而他们也是引领狗狗迈向冠军犬的关键人物。

如何成为专业指导手

要成为一位指导手，基本上一定要喜欢狗。要有一颗爱狗的心才会对狗狗付出关爱与耐心。如果要成为专业指导手，必须取得指导手证照。以中国台湾畜犬协会（KCT）为例：专业指导手可分为 C 级、B 级、A 级、教师和师范五级，只要年满 18 岁且是 KCT 的会员，便可报名参加指导手检定，成为专业指导手。

专业指导手最主要的工作包括训练与管理。训练，就是训练狗狗在比赛时的各种规则；而管理，就是照顾狗狗日常生活的各方面，包括管理狗狗的健康、日常生活及美容等。

想要成为一位专业指导手，必须通过指导手检定。除了依照各种等级规定之外，一般而言，不论

参加"指导手检定"的指导手正在接受裁判的审查。

是哪种等级，检定的评分审查内容如下：

· 犬的立姿技巧；

· 指导手与审查员的互动；

· 牵绳与牵引的技术；

· 犬与指导手的配合与默契；

· 指导手的礼仪与态度。

检定的过程与一般犬展比赛的过程一样，但和犬展比赛最大的不同是，指导手检定的重点在于指导手本身的技术与态度，而犬展比赛的重点则是放在参赛的狗狗身上。

中国台湾畜犬协会指导手检定分级与考试内容

	资格	考试内容	通过标准
C级	年满18岁以上，具有会员资格	年满18岁以上，具会员资格指导实技（不限犬种群1只）	分数70分以上及格
B级	具C级资格2年以上	指导实技（2个不同犬种各1只，1只使用审查桌，另一只不使用）	各犬种80分以上及格
A级	具B级资格3年以上	指导实技（3个不同犬种各1只，1只使用审查桌；2只不使用或对调也可以）	各犬种90分以上及格
教师	30岁以上，取得A级资格满5年以上	指导实技（3个不同犬种各1只，1只使用审查桌；2只不使用或对调也可以）及学科考试	各犬种90分以上及格
师范	年满50岁以上，取得教师资格5年以上，经推荐认可		

指导手训练狗狗的方法

参加犬展比赛的狗狗，从满3个月（龄）后便可以参加比赛，针对犬种、年龄和性别的不同，会有各组分组的比赛。最后再由各组分组比赛中选出最优秀的狗狗，成为全场总冠军（BIS）。而得奖的关键就是训练。指导手训练狗狗参加比赛的项目，可分成静态与动态两部分。

静态训练

静态训练的目的就是调整狗狗的仪态，让狗狗在比赛时表现出最佳的姿势。静态训练最主要的内容就是"站桌"训练。

"站桌"训练就是将狗狗放在审查桌上，训练狗狗的站姿，展示出狗狗的身体结构。另外，当比赛时，在审查桌上的狗狗必须接受评审的审查，如检查牙齿和触摸身体等，因此狗狗不能有攻击性的行为。

训练的过程中，尤其是中小型犬，因为要在审查桌上评审，因此首要的训练就是不能怕高。平常训练时常抱着狗狗，让狗习惯高，接着再利用狗狗

指导手针对狗狗做静态训练时，需仔细调整狗狗的姿势。

爱吃的特性，用右手拿食物吸引
狗狗的注意力，然后用左手矫正
狗狗的姿势，也就是利用渐进的
方式来让狗狗习惯。

动态训练

狗狗的动态训练，会因犬种体形的差异而有所不同。

动态训练主要是训练狗狗移
动时的姿态。在动态训练时也可带狗狗接近人群，训练狗狗的胆量。不
同的犬种与不同的指导手在动态训练的方式上会有很大的不同。有些
训练大型犬的指导手常用摩托车带领狗狗做动态的训练，结果狗狗因
为怕被排气管烫伤，跑步的姿势可能因而变得有些倾斜，导致动作不
标准而失去资格。

小型犬以训练狗狗的胆量为主，可以带着狗狗从一般居住区开始，
渐渐扩大活动范围至市场或闹区，让狗狗习惯人群。指导手也可以陪
着狗狗跑步和爬山，训练狗狗的动态，调整狗狗的身体状况。

指导手比赛前、比赛中和比赛后的工作

参加犬展是指导手最重要的工作，养兵千日，用在一时。平时辛
苦照顾与训练的狗狗就要在犬展比赛时展现出成果了。指导手对于比
赛的工作准备可分为比赛前、比赛中和比赛后。

Chapter 7

比赛前

　　平时对于狗狗的照顾包含在比赛前的准备中，包括每日的梳毛及定期的清洁和照顾等。

　　在比赛前几天，狗狗就要开始做一些简单的美容，如去毛和剪趾甲。比赛的前一天，狗狗要再做一次清洗，做更细致的修剪和处理。到了比赛当天，赛前狗狗必须在被毛上上胶和膨粉，让狗狗看起来更有气势。所以，一般专业的指导手也必须对于美容有基本的认识，才能帮助狗狗在外观上做处理。

比赛中

　　比赛时指导手最主要的工作就是安抚参赛狗狗的紧张情绪，并牵引和指导狗狗进行比赛。

　　在正式比赛时，指导手身着整齐且洁净的服装即可。不过一般专业指导手多会穿西装或套装来表示专业及对比赛的尊重。比赛时必须将狗狗牵引在指导手的左手边，狗狗的动态表现以自然愉快为主，可以用食物或玩具诱导狗狗进行动作。

指导手带领狗狗做动态审查。

指导手协助裁判做静态的审查。

　　评审时审查员也会针对狗狗的姿势做调整，但如果狗狗不习惯裁判的调整时，会显示出不舒服的神态，这时指导手就必须很快地反应过来，替狗狗调整出最佳状态。

为何狗狗都站在指导手左手边？

比赛时，裁判会站在场地的正中央，加上审查行进是以逆时针方向进行，因此指导手必须将狗狗牵在左手边，方便裁判进行审查。因一般人习惯用右手操作，所以用左手牵犬，不会妨碍工作，如警察犬和军犬等。

比赛后

　　比赛后指导手需立刻替狗狗进行卸妆。因为比赛时所用的上胶与上粉都对狗狗的被毛不好，因此在比赛后必须立刻用保养品喷洒狗狗全身，替它卸妆。

　　回到家后，指导手要马上替参赛的狗狗做清洁和保养（护毛）的工作，长毛的狗狗（如贵宾犬）还必须将毛绑起来做保护。

Chapter **7**

认识犬种标准

　　犬种标准是在犬展比赛审查中不可或缺的项目，指的是针对各犬种必须具备的理想体格、气质、被毛和走路方式等详细制定的标准。但因这只是理想标准，现实中并不一定会有各方面都符合完美标准的狗狗，因此犬展比赛的审查员会针对每一只参加的狗狗以理想犬种标准加以比较，进而选出最接近理想犬种标准的狗狗。即使是同一犬种，不同的主办团体标准也会有少许差异，因而各国也会有不同的标准。

赛级犬的日常训练

　　赛级犬是为比赛而培育的狗狗，为了让狗狗在赛场上有更靓丽出色的表现，多数赛级犬在平时过的是比较基本、朴素和规律的生活，不穿可爱的衣服，不能玩得太疯、用运输笼代替温馨小屋及用站姿训练取代握手练习。有些饲主认为必须在赛级犬心里建立至高无上的威严，要让它们清楚地意识到"狗属于饲主"，而不是"饲主属于狗"。若以古时候的贵族、平民比喻，赛级犬大概就像贵族，有着光鲜靓丽的外表，但生活上可能要严守纪律，有许多限制；而宠物犬就比较像平民，虽然不一定有令人称羡的比赛成绩，但可能获得更多的自由与快乐。

　　举例来说，赛级犬几乎不训练"坐下"这个动作。因为在赛场上要保持雄赳赳、气昂昂的姿态，无时无刻都要站得直挺挺的，如果狗狗一坐下便前功尽弃，与第一名无缘。再如，许多赛级犬平常住的地方就是简单的运输笼，原因在于比赛期间常需要舟车劳顿，要待在运输笼里。因此，平常就让赛级犬习惯运输笼的环境，以免比赛期间不适应，影响了表现。

　　不过，如同"人有百种"的俗谚，狗狗也是如此，其实就连养狗的方式也有千百种。所以，虽然一般来说对赛级犬会用比较严格的方式训练、较严谨的方式生活，但也还是有少数人将赛级犬当成宠物犬一样对待，让狗能在家中自由活动，一样玩耍，亲亲抱抱，睡觉也在同一个房间，即使如此，狗狗在犬展比赛中也可以有好成绩。

血统优势为赛级犬的先天条件

　　很多玩家都会说："血统好最重要"。一只狗是否能在场上表现优异，先天条件占了很大因素，后天训练只不过是辅助。在人的世界里，有着"坏竹出好笋"的俗语，不过在狗的世界里，这句话可能行不通。因为，好的血统不一定会有好的狗，但不好的血统就很难有符合理想犬种标准的优秀狗狗。

　　若是宠物犬，大可不必那么在乎血统，只要自己喜欢且人狗相处得好就没问题。但对于赛级犬来说，血统似乎占据了举足轻重的地位。血统好，骨骼架构、身体各部位、个性及稳定度都比较能呈现较佳状态，在静态项目上的表现也比较好。而骨骼和身体架构又会影响行走体态，因此在动态项目上也能有不错的表现。

　　接下来，将通过12种国内常见的赛级犬说明其在比赛时的体态标准及平时的饲养照顾方法，告诉您怎样才能成就一只全场总冠军（BIS）。

Best in Show[1]
玩具贵宾犬 Tango

饲养重点

　　饲养玩具贵宾犬，被毛的照料较费神，每隔2~3天就必须彻底梳理，也不可忽略平时的被毛保养，这样在比赛时才能展现出好的毛质。另外，因为玩具贵宾犬很聪明，所以可以试着在训练大狗时，让小狗在旁观看，"以狗带狗"的成效很不错。

食　以一般饲料为主，有时会加乳酪和肉类补充营养。另外，也会在饮水中滴入含酶的有机添加液，能够帮助Tango（狗狗的名字）的肠胃消化，也能去除尿骚味。

衣　因为玩具贵宾犬的被毛属干性，每隔2~3天就要倒梳被毛，梳掉多余的毛，否则会打结。因为被毛太干，平时可用微油性的护毛液，但比赛前要彻底洗干净，才能呈现蓬松感。在清洁修剪方面，一个星期洗一次澡，用白色被毛专用的洗毛液，每个月修剪被毛一次。

住　最重要是干净卫生的环境，除了通风，湿度要低，温度要适中（22~25℃最适宜），可使用冷气或除湿机。可采用不锈钢笼子，容易清洁打理，要用动物专用的消毒水清洁环境，同时铺具有防滑性且弹性好的橡胶毯，狗狗的足部会保持得比较好看。

---

①全场总冠军犬。

档案

玩具贵宾犬 Tango

姓　　名：Tango
性　　别：公犬
饲　　主：宋玉珊
年　　龄：1 岁 6 个月
家族背景：法兰公爵（1990 年全美全年度第一名犬种）的第五代。
获奖简历：2005 年中国台湾畜犬协会本部展全场总冠军（BIS）。

行 因为玩具贵宾犬很活泼，所以要有足够运动，每天 2~3 千米的快步走，不仅运动量充分，足部也会结实。另外，也要适度带 Tango 出去晒太阳，这样皮肤才会好。

育 配种没有特定季节，不过因为玩具贵宾犬是无血发情，配种时机主要看公犬，当公犬有反应时，再带母犬去做抹片检查，确认是否适合配种。在训练方面，玩具贵宾犬很聪明，可以从 3 个月大开始，最好的方式是带成犬做动作，完成后给予奖励，幼犬就会在旁跟着做，不出 3 天就能学会。此外，带到嘈杂的环境中练习稳定度也是不可少的。

乐 可以给一些兼具健康与娱乐的玩具，如牛奶骨和洁牙骨，这样比较有趣。同时，也要常和 Tango 拥抱和对话，拉近彼此感情，建立默契关系。

393

犬种标准

1 体形：美国畜犬协会规定玩具贵宾犬标准身高为 25.4 厘米，世界畜犬联盟规定标准身高为 28 厘米。

2 头部：要时时保持抬头状态，脸要修长，但不能像狐狸那么尖。枕骨到鼻梁的长度等于口鼻的长度。脖子细但结实，毛要浓密。

3 眼睛：应为杏仁眼，不能是圆眼，眼睛也不能太凸。

4 耳朵：耳根位于眼线略低处，耳朵宽且长，耳朵紧贴脸颊。

5 身体结构：身体是 1:1 的正方形，胸部宽，背部短。

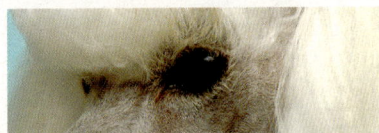

6 前后肢：前肢位于肩的正下方且与地面垂直，从正面看是平行的，后肢亦同，从后面看是平行的。

7 尾巴：尾根位置要高，若太低或尾巴向上卷曲都不好。

8 被毛：不能是杂色毛，相对来说，头、耳、胸及身体的被毛较长，关节部位短而蓬松。此外，参赛时，被毛有一定的修剪模样，若不符合则失去资格。

1岁以内——修剪脸、喉、四肢和尾巴底部的毛，尾部下端修成绒球状，修剪后露出整个足部。

1岁以上——修剪脸、喉、前肢和尾巴底部，前肢关节留毛，尾部下端修成绒球状，后半身修剪干净，只有身体两侧和后肢各留两片弧形的毛，修剪后露出整个足部及前肢关节以上部位。

也可修剪脸、喉、脚和尾巴底部，后半身修剪干净，只有臀部修剪成绒球状，修剪后露出整个足部及前肢关节以上部位。

前肢

后肢

9 步容：头部抬高，行走脚步需低深阔步，步伐轻快，以流畅的步伐行进。

10 精神度：活跃、机警且姿态优雅。

11 表情：聪慧且有自信。

Best in Group ①
博美犬老鹰

饲养重点

博美犬是小型犬，因此食量无须太多，只要顾及营养即可。同时，运动量也不用太大，平常主要就是早晚两次各1个半小时的自由活动外加训练。不过，对博美犬的被毛得多悉心修剪照顾，如何让毛顺且蓬松、柔软，有赖于平时保养及比赛前的加强。

食 博美犬吃得很简单，主要以饲料为主，搭配粉状综合维生素，偶尔搭配肉类即可。

衣 博美犬不怕冷，不过被毛必须好好照顾。从出生半个月后就可以开始梳理，每两天一次，先用带柄软梳彻底梳通，之后再用喷点水的金属扁梳向反方向梳理，让毛竖立且蓬松。若要参加比赛，比赛前5~7天是进行被毛修剪的最佳时机。这样到比赛当天时，被毛会较自然。

住 住的空间一定要够大，老鹰住在1平方米大的笼子里，天气寒冷时要铺毯子来保暖。

①单犬种群的优胜犬（FCI的奖项名称）。

档案

博美犬老鹰

姓　　名：老鹰
性　　别：公犬
饲　　主：杨文汉
年　　龄：4岁
价　　值：2岁时以25万元（RMB）自日本
　　　　　购得。
获奖简历：博美单独展优胜犬（BIG），完成
　　　　　中国台湾畜犬协会冠军登录。

行 每天早上9：00~11：30，下午18：00~20：30固定运动两次，在这两段时间内让老鹰自由活动。

育 无特定配种季节，主要还是看母犬的发情期。其实多数赛级犬的优劣都是先天决定的，不过也需要后天训练才会有最佳表现，包括静态站姿和动态走路。平常会以诱导的方式训练，当老鹰表现好的时候，就给予零食作为鼓励。

乐 平时的玩乐就是跟其他的狗狗玩耍，不会跟它玩丢玩具拾回的游戏。

犬种标准

1 **体形**：身高20厘米，体重为1.8~2.2千克。

2 **头部**：头呈楔形，额头凸出，鼻子与额头间的额段要深。牙齿咬合正确，暴牙和庎斗都不行。鼻梁短而翘，鼻头小而黑。颈部的被毛要蓬松，如雄狮一般。

3 **眼睛**：应为杏仁眼，不能太凸，眼睛和眼线要黑。

4 **耳朵**：耳位不能过低，两耳间的距离不能太开，形状不可太大，为小三角形的立耳。

5 **身体结构**：身躯似正方形、匀称，被毛要似球形，前胸广而深，背线要直。

6 前后肢：前肢较后肢高，前肢笔直，若往内或往外都算缺点。后肢可稍有角度，但不能离身体太远，"X"形或"O"形腿都是缺点。

7 尾巴：尾巴的饰毛要长且密，尾根要高，同时顺着背部，与背部平行并紧贴背部，头抬起时，能与尾端碰合。

8 被毛：双层毛，呈深红色，毛量要充足，尤其是颈部、前胸和尾巴的毛量要更丰富。

9 步容：抬头挺胸，步态轻盈，姿态优雅。

10 精神度：灵巧、活泼。

11 表情：脸部气质甜美、聪慧且眼神理智。

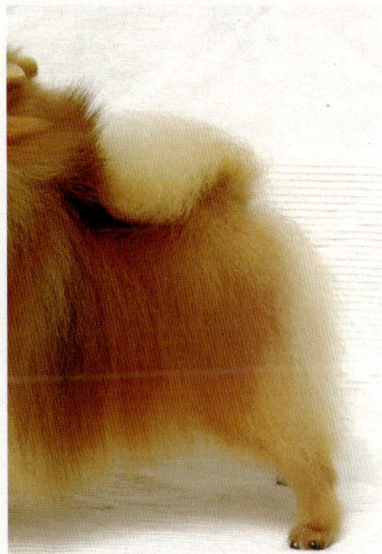

Best in Show ①
玛尔济斯犬优优

饲养重点

　　玛尔济斯犬最重要的就是被毛的照顾，为了有细如绢丝的长毛，平时要不厌其烦地为狗狗上油、梳毛，再把被毛一撮撮的包绑起来，修剪动作也少不了。另外，因为玛尔济斯犬的骨骼和消化能力弱，并且易患低血糖，所以要选择干软食物及适时补充糖分。优优是在较威严的方式下接受训练的，从站姿到牵引步伐，较少有宠物犬的玩乐活动。

食 以饲料为主，同时补充营养品，顾及全方位营养，尤其在4~8个月阶段。此外，玛尔济斯犬骨骼结构和消化系统较弱，要避免过油的食物，可挑选较软干的食物。也因为其容易低血糖，所以要补充碳水化合物和糖分。

衣 玛尔济斯犬的长毛得花心思照料。饲主每3天就会花2小时帮优优重新梳理被毛并包绑好，可保护并让被毛处于健康状态。此外，每15天洗一次澡，步骤包括冲洗干净、护发、润丝，冲洗后再上护毛霜、吹干拉直，最后是包绑。为了让优优有出色的被毛，平时工夫少不了。

住 优优有属于自己的大笼子，有独立活动的空间。在笼子的选购上，应避免铁线笼，因为对足趾不好。笼内要加铺止滑垫，平时不需要毛毯，因为它不怕冷，只怕温差大，寒流来时多注意即可。

①全场总冠军犬。

档案

玛尔济斯犬优优

姓　　名：优优
性　　别：母犬
饲　　主：曹展志
年　　龄：1 岁 3 个月
家族背景：祖父宫本是 2004 年全日本总冠军（BIS），并且拿了 18 场中国台湾畜犬协会总冠军。
获奖简历：中国台湾宠物协会亚洲展全场总冠军（BIS）、中国台湾畜犬协会国际展全场总冠军（BIS），完成中国台湾畜犬协会冠军登录。

行 每天有固定活动，早晚各 10~20 分钟，主要是让优优晒太阳、大小便和自由活动。

育 每天早晚各训练一次，每次 10~20 分钟，4 个月大时开始。先从静态站姿开始，之后才是牵引。不能给予太严格的训练，只要指令和口气正确，再通过口头或摸下额头鼓励，不需要用食物诱导也可完成。

乐 优优是赛级犬，对赛级犬来说，要树立威严，建立"狗是属于饲主"的观念。平常不常与它拥抱或亲热，不能让它太兴奋或玩得太疯。

犬种标准

1 **体形**：标准身高 20~25 厘米。

2 **头部**：额段要够，头顶要微呈圆弧状。脸部要"三点黑"，即双眼加鼻子。双眼和鼻头的比例呈正三角形，即两眼间的距离要与眼睛到鼻子的距离相等。此外，长长的颈部较佳。

3 **眼睛**：眼睛应又黑又大，同时是杏眼，双眼不能过于分开或间距过窄。

4 **耳朵**：耳根低，耳朵长且下垂，毛量丰厚。

5 **身体结构**：身长略长于身高，背线要直。

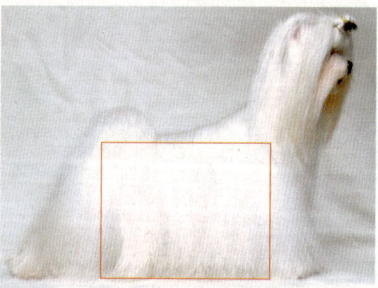

6 前后肢：四肢肌肉发达，侧看时前肢呈直线且与地面垂直，后肢飞节支点与地面呈90°角。

7 尾巴：尾根要高，从后面看要看得到肛门，而且尾巴上要有丰厚的被毛。比赛时，尾巴放在身体左边。

前肢

后肢

8 被毛：只有单层被毛，毛发重点在于要纯白、长直且细如绢丝。

9 步容：脚步轻快，前脚要踢直，后脚要踢高，走路时脖子要挺。

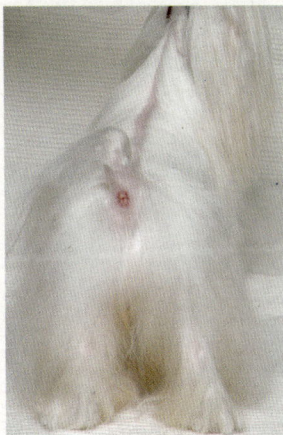

10 精神度：活泼。 **11 表情**：甜美。

Reserved King ①
约克夏猩犬 Chi-Bi-Tan

饲养重点

　　因为约克夏猩犬怕冷，所以幼犬时的保暖要做好，可以在笼内放一块小电热毯，让它们依环境冷热自由选择地方趴卧。另一方面，被毛对约克夏赛级犬来说占有相当大的评分比重，所以从食物摄取到平时梳理修剪，都要特别注意。

食 因为皮肤容易敏感，所以要吃不会使狗狗过敏的饲料，也可加肉类，但不能吃得太油腻。也可以加些胡萝卜，被毛毛色会深一点、好看一些。另外，也可补充人食用的Omaga 3（多元不饱和脂肪酸）营养品，对约克夏犬的眼睛和皮肤都很好。

衣 为了保护被毛，也同时促进新陈代谢和被毛生长，平时都会将被毛绑起来，每隔2~3天会放下来梳理后再重新绑起来。洗澡时用润毛液护发，吹干后上油，再绑住。为了有出色的被毛，这些梳理工作都是必需的。

住 为了让Chi-Bi-Tan有足够的活动空间，所以给它一个1平方米大的笼子居住，当然里面也少不了玩具。要注意的是地板不能滑，否则狗狗的四肢会受伤。同时，因为它怕冷，所以笼子里还应铺上毛巾，在它小的时候还会放一块小电热毯，若觉得冷的时候它可以自己到电热毯上，达到保暖效果。

---

①所有公犬中的准优胜犬。

档案

约克夏㹴犬 Chi-Bi-Tan

姓　　名：Chi-Bi-Tan

性　　别：公犬

饲　　主：柯意琛

年　　龄：6 岁

价　　值：8 个月时以 4 万元(RMB)的价格自日本购得。

获奖简历：得过数次中国台湾畜犬协会比赛公犬中的准优胜犬（R-KING），并完成世界畜犬联盟冠军登录。

行 每天进行训练前，会让 Chi-Bi-Tan 自由活动。若在室内，不太会放任它自由奔跑，多数是待在笼子里，偶尔会到公园里活动。

育 比赛时，早晚各花半个小时进行训练，每次专注训练约 10 分钟，包括在桌上站立的姿势和走路时的步伐，会用玩具和食物诱导。但训练时的口气要与平时有所区别，当它做得不对时，要用严厉的口气，当然它都听得懂。

乐 平常会跟 Chi-Bi-Tan 亲热及拥抱，也会跟它玩丢玩具拾回的游戏。

犬种标准

1 体形：体重在 3 千克以下，公犬身高 18~23 厘米，母犬身高 19~22 厘米。

2 头部：头部小而似圆形，额段及吻部差不多 1:1，鼻头要黑，鼻径短。

3 眼睛：眼线要黑。

4 耳朵：耳位不能分得太开，两耳要比较靠近，耳根要高，耳朵不能太大，呈倒"V"字形立耳。

5 身体结构：身体为正方形，背线要平。

6 **前后肢**：前肢直立，与地面垂直，飞节要有一定曲度。

7 **尾巴**：尾根高，走路时尾巴比背部略高。

前肢　　　　后肢

8 **被毛**：比赛时审查比重最高可达 40%，评判重点在于毛量要多且直，而且要细如绢丝。身体最好是铁灰色的，头部是黄褐色的，身躯上的浅色毛不能超过膝。

9 **步容**：步态优雅，走路要低深阔步，走直线。

10 **精神度**：机警。

11 **表情**：可爱且聪明伶俐。

Reserved King①
米格鲁猎犬摩利

饲养重点

　　米格鲁猎犬在被毛的照料和食物摄取方面依照一般标准即可，没有太特殊的要求，不过因为其个性好动，所以运动量一定要足够。也因为米格鲁猎犬的个性比较好动，很好奇，情绪易起伏，所以在赛级犬的照料上，不太和摩利玩太娱乐性的游戏，免得玩得过度，个性会比较不稳定。

食　以饲料为主，但是要混合牛奶，较好吞食，也会让狗狗比较有食欲。可以加入牛肉和维生素补充营养。一天1~2餐就够了，不能过量，天气较冷时吃两餐，较热时则吃1餐。

衣　基本上，一个月洗一次澡，最好使用专业比赛犬专用的洗毛液，因为有些洗毛液会刺激皮肤，引起过敏，所以要特别注意。

住　平常就住在笼子里，有时会放出来在家里自由活动，因此要注意家中地板材质的选择。举例来说，大理石材质地面太滑，狗狗跑起来容易打滑，就不适合采用。比赛前几天摩利会住在运输笼里，让它先适应习惯运输笼。

---

　　①所有公犬中的准优胜犬。

档案

米格鲁猎犬摩利

姓　　名：摩利
性　　别：公犬
饲　　主：黄耀信
年　　龄：1 岁 6 个月
家族背景：摩利的爸爸是美国冠军登录犬。
获奖简历：中国台湾畜犬协会共12场公犬准优胜犬
　　　　　（R-KING），并完成中国台湾畜犬协
　　　　　会冠军登录。

行 因为米格鲁猎犬的个性好动，运动量一定要充足，早晚各一次，每次30分钟，让其能自由地活动。

育 育种上没有季节偏好或限制，一年四季皆可。3~4个月大时可以开始进行训练，一开始使用牵引绳，训练其稳定度。不能用打骂的教育方式，用鼓励及食物诱导才是正确的做法。

乐 只要正常地训练和运动就好，几乎很少跟摩利玩居家宠物犬的游戏，因为担心玩过之后，狗狗的个性会不稳定。

Chapter 7

犬种标准

1 体形：美国畜犬协会有两种标准：33厘米及38厘米，最理想的是33厘米。

2 头部：头盖骨宽阔而饱满，头盖骨长：口吻长＝1：1，因为是猎犬，所以要有一定的口吻，但不能太细、太尖。此外，鼻头黑且鼻孔宽。

3 眼睛：眼睛应大而圆，颜色呈咖啡色或淡褐色。

4 耳朵：耳朵大小适中且微贴在两颊，最重要的是耳尖要呈椭圆形，不能太尖。

5 身体结构：身长：身高＝1.1：1，近似正方形，结实强壮，腰粗且稍微拱起。

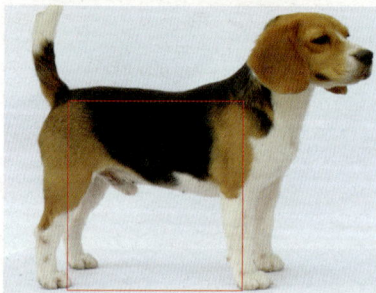

6 **前后肢**：四肢强健，前肢垂直于地面，后肢曲度不能太深，后肢从后面看是平行的。

7 **尾巴**：尾根不能太低，与背部是平的直线，尾巴似毛刷状，不可向前卷。

8 **被毛**：没有毛色要求，配色协调就好，一般是黄、黑、白色或红、黄、白色。必须具有浓密的底毛，要求标准与拉不拉多拾猎犬相似。

9 **步容**：脚步要轻盈，协调性要好。

10 **精神度**：有活力且开朗有精神。

11 **表情**：脸部表情显露出聪明和可爱的特质。

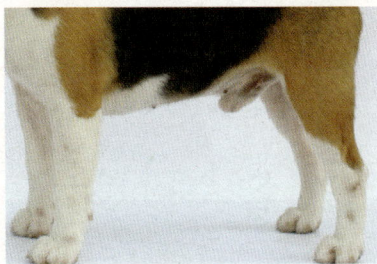

411

Best in Group [1]
长毛迷你腊肠犬 Leo

饲养重点

除了被毛需要特殊照料，长毛迷你腊肠犬是相当容易饲养照顾的犬种。不过其身长较长、四肢又短小，因此不适合上下楼梯或跳上跳下的动作。因为长毛迷你腊肠犬属于兽猎犬，除了极度喜欢和同类伙伴相处，生活中也需要相当程度的活动量。

食 以干饲料为主，会加入牛肉或鸡肉来补充蛋白质，综合维生素也不能少。另外，还会在 Leo 的每餐食物中添加专从日本买回来的啤酒酵母，以控制身材。也会掺海带粉补充矿物质，可以让被毛更好看。同时要节制饮食，避免体重过重，影响四肢关节。

衣 每天用水喷全身，再用针梳梳理被毛，之后再吹干，保持被毛干燥。每隔 7~10 天洗一次澡，每月用深层清洁用品清洗，主要在于保护毛孔畅通，维持 pH 且有助于被毛生长。另外，Leo 不戴项圈，以免压倒毛，造成被毛状态不佳。

住 除了吃饭和睡觉用的笼子，Leo 还有用单砖砌成面积达 4.5 平方米的专属区域，地板铺上硬度不高且不滑的木板，以免伤到四肢。此外，还有让它奔跑和其他狗狗玩耍的 66 平方米大的活动场。

---

①单犬种群的优胜犬（FCI 的奖项名称）。

档案

长毛迷你腊肠犬 Leo

姓　　名：Leo

性　　别：公犬

饲　　主：王万一

年　　龄：2 岁 11 个月

价　　值：以 150 万日元自日本购得。

获奖简历：中国台湾畜犬协会犬展单犬种优胜犬
（BOB）、粗年龄组公犬优胜犬（WD）、
冠军登录；中国台湾地区育犬协会犬
展公犬中的准优胜犬（R-King）、单独
展粗年龄组公犬优胜犬（WD）、单独
展相对异性优胜犬（BOS）；日本畜犬
协会犬展单犬种单犬展优胜犬
（BOB）、公犬中的准优胜犬（R-King）
及犬种群优胜犬（BIG）。

行 早晚各一次固定运动，时间 10~30 分钟。除了牵引和丢球，也
可让 Leo 与其他狗狗一起玩，以完善其社会化训练。

育 一年四季皆可配种，只是若夏天配种，母犬怀孕会较辛苦；若冬
天配种，则要注意幼犬的保暖，切忌用强光增温，用暖气较佳。
对狗狗要用鼓励的方式教育，饲主要用心将"教"融入于"玩"中。例
如，教导站姿，可以和"Stay（等待）"指令结合，等到它达到要求，
就给它玩球。

乐 比赛是人狗默契的展现，要让狗狗爱饲主，彼此的感情很亲密，
自然默契就会好。因此，饲主平常要跟狗狗多接触、多玩，抚摸
和玩球都是很好的互动。

413

犬种标准

1 **体形**：身高没有特定标准，体重则在 4.8 千克左右。

2 **头部**：头部比例大小适中并呈楔形，吻部要笔直，鼻头、眼眶和唇要够黑。

3 **眼睛**：眼睛为杏形，眼神积极稳定且勇敢，但不能具有攻击性。眼球的颜色以黑色至深褐色为佳，大理石色系可接受蓝眼。

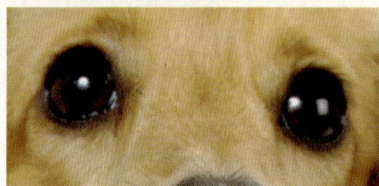

4 **耳朵**：耳根位置要对，从眼角联线过去，呈直线或略低。

5 **身体结构**：身高：身长＝1：2，背线要直，胸深要够，下胸最低点在肘关节处。肘部要紧贴身体，不能外翻。

6 **前后肢**：关节骨骼紧密度够，四肢要有肌肉。前后肢和地面完全垂直，和后肢结构相关的4根骨头比例相同。

7 **尾巴**：尾巴平顺，不能折尾，尾根不能过高，否则显得背部会太短。

8 **被毛**：赛犬的被毛应直顺且光泽度佳。

9 **步容**：前肢向前伸直，不可偏，背不能上下弹跳，尾巴不可翘得太高，整体来说是轻快活泼的流畅步伐。

10 **精神度**：高兴、有活力，但不毛躁。

前肢　　　　　后肢

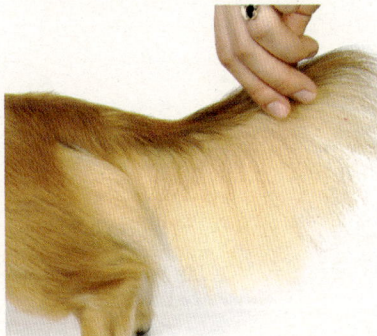

11 **表情**：稳定且自信。

415

Best in Show ①
拉不拉多拾猎犬 Very

饲养重点

　　以比赛犬的方式饲养狗狗，一切皆以在比赛中获得最佳成绩为目标。因此在照顾上，一切讲求简单和自然即可。不穿衣服，住运输笼，也不玩太过于把戏式的游戏，如装死和卧倒等。只要狗狗能够正常成长，仅进行社会化养成的训练和懂得基本服从即可。

食 拉不拉多拾猎犬在吃的方面没有太多禁忌，平常喂食以饲料为主，有时会加些肉类补充营养，在成长的幼犬时期可多吃高单位的蛋白质。

衣 虽然拉不拉多拾猎犬是短毛犬，但平时还是要用鬃毛刷帮它梳毛。同时也要用好洗毛液，酸碱值需适中，这样被毛会更有光泽。

住 因为 Very 是比赛犬，为了让它习惯比赛期间的长时间运送，平常都让它住在运输笼里。笼子里会铺布，一方面是为了保暖，另一方面也起清洁作用。

行 拉不拉多拾猎犬不需要激烈的运动，只要适度奔跑即可。Very 每天运动2个小时，早晚各一次，因为拉不拉多拾猎犬是拾猎犬，

---

　　①全场总冠军犬。

档案

拉不拉多拾猎犬 Very

姓　　名：Very
性　　别：公犬
饲　　主：张乐善
年　　龄：3岁6个月
价　　值：出自名门，父犬是英国冠军犬。Very
　　　　　在5个多月时从日本购得，价格超过7
　　　　　万元（RMB）。
获奖简历：第一次比赛时，以不到1岁的年龄拿
　　　　　到中国台湾畜犬协会全场总冠军
　　　　　（BIS），1岁多即完成KCT冠军登录。

可以玩拾回游戏。有时也会让它和别的狗狗一起玩，可以促进社会化养成，在真正比赛时才不会和别的狗狗打架。

育 配种的时机，在时间上季节没有太大差异，多数是春秋两季。以食物诱导方式进行基本服从及相关训练，不用打骂的方式，就算有处罚，在处罚过后一定要有鼓励。至于牵引训练时，要记住人永远在狗的左边，这样才不会让它无所适从。

乐 比赛犬平常不玩装死、卧倒和坐下等家中宠物犬的游戏，主要就是让它自由活动，包括自然地跟人和狗互动，以培养感情，其实只要饲主开心，狗狗也就开心。

417

犬种标准

1 **体形**：标准身高公犬57~62厘米，母犬 55~60 厘米。

2 **头部**：线条明显的宽头骨，脸颊没有多余的肉，中等长度的嘴部，有力但不细长，鼻子宽、鼻孔大，脖子要粗壮。

3 **眼睛**：眼神不能空泛，因为是拾猎犬，眼睛不能太大、太圆，必须是杏仁眼，颜色呈咖啡色或淡褐色。

4 **耳朵**：位于眼睛上面，悬于头部附近且位置略靠近后方，耳朵不会有很大或很重的感觉。

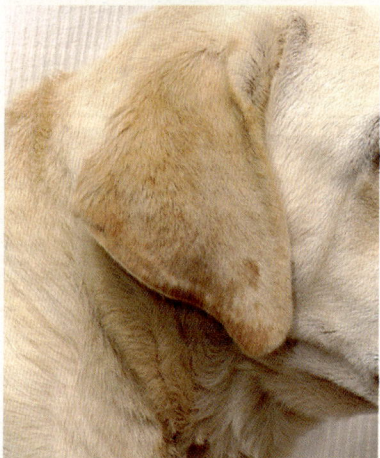

5 **身体结构**：属于圆筒形身体，胸膛宽且深，腰部短宽且强壮。

6 **前后肢**：肩膀长且有斜度，前肢骨骼粗大，无论从前面或侧面看，肘到地的腿骨皆为笔直，与地面呈90°角。

7 **尾巴**：中等长度，有紧密的短毛覆盖，根部粗大，至尖端逐渐变细，尾巴不会卷在背上。

8 **被毛**：紧密的双层毛，底毛为不具波浪与羽毛状的紧密短毛，外层毛触感硬，被毛颜色没有差别。

9 **步容**：稳重且踏实的步伐，前后肢相当笔直。

10 **精神度**：活泼但注意力随时随地都能集中。

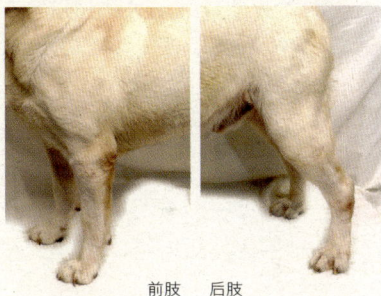

前肢　后肢

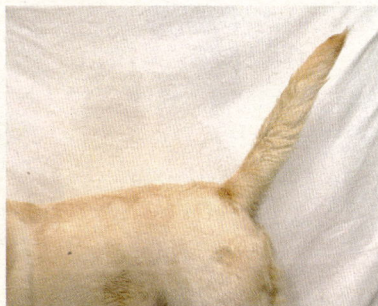

11 **表情**：表情要和善，容易与人亲近的感觉；脸要甜美且有笑容的感觉。

Best of Breed ①
迷你雪纳瑞犬阿真

饲养重点

因为迷你雪纳瑞犬的皮肤不好，容易过敏，所以在食物和居住方面都要格外注意，要选择不易过敏的饲料、保持环境干燥，以免狗狗患皮肤病。此外，因为迷你雪纳瑞犬的被毛易打结，所以平时要经常梳理，可使用排梳和针梳，让它维持健康和美丽的外形。

食 只要按一般饲料调配即可，不过，因为迷你雪纳瑞犬的皮肤容易出问题，所以可以选择不容易过敏的饲料。

衣 必须每天梳理，先用排梳检查有没有打结，之后用针梳梳理。梳理的诀窍在于四肢被毛要逆毛梳，一方面可检查有无打结，另一方面可使毛更蓬松。嘴巴部位毛的梳法：将嘴巴上方的毛拉起，先从下方梳起，再一层层覆盖梳理。

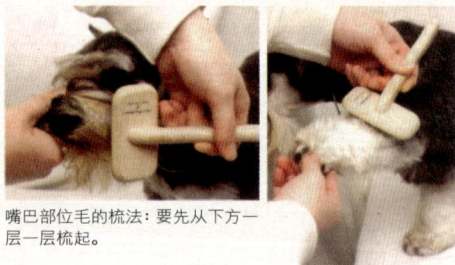

嘴巴部位毛的梳法：要先从下方一层一层梳起。

腿毛要逆毛梳。

---

①单犬种的优胜犬。

档案

迷你雪纳瑞犬阿真

姓　　名：阿真
性　　别：母犬
饲　　主：谢杰昌
年　　龄：1 岁 2 个月
家族背景：以 2 万元（RMB）购得。
获奖简历：2006 年中国台湾警犬协会比赛单犬种
　　　　　优胜犬（BOB）。

住 为了习惯比赛时的舟车劳顿，阿真平时就住在运输笼里，冬天加块毯子，夏天则用空调降温。因为迷你雪纳瑞犬的皮肤不好，所以要保持环境的清洁与干燥。

行 每天会用牵引绳带着阿真散步，一天缓慢步行 40 分钟，约 1.5 千米。另外，每天也会有 2~3 小时的团体生活，跟其他的狗狗一起玩耍。

育 育种其实不分季节，不过以春秋两季的干燥环境为佳。平时教育要养成彼此互动的习惯，最好的方式就是用说的方式，讲得越多，狗狗能听懂的越多。教动作时可以寓教于乐，使训练成为游戏的一部分。

乐 其实只要跟饲主在一起搂搂抱抱或亲亲，就是阿真最好的玩耍娱乐，不一定要玩具或玩坐下等动作，有时它还会自己抓蟑螂当娱乐。

421

Chapter 7

犬种标准

1 体形：标准身高 31~36 厘米。

2 头部：略呈长方形，宽度由耳朵到眼睛、吻部逐渐地变窄缩小。

3 眼睛：杏眼，颜色深。

4 耳朵：耳根要高，不能过低。位于头骨上端，未剪耳时呈小"V"字形，剪耳后的双耳长度和形状要相同。

5 身体结构：体形为正方形，身长＝身高，胸度要深且宽，背线平整，拱背则属不标准。

6 **前后肢**：前肢要直，后肢要弯，四肢强劲有力。

7 **尾巴**：尾根要高，才会有平衡感。

前肢　　　　　后肢

8 **被毛**：外层毛刚硬，内层毛柔软，比赛时除了四肢、胡子和眉毛，其他部位的被毛都要修短。

9 **步容**：低深阔步，直线推进，能将前肢充分伸展出去，后肢亦强而有力。

10 **精神度**：精力充沛。

11 **表情**：脸部要有气质，要慧黠。

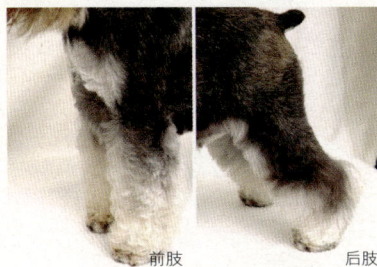

Chapter 7

Best of Breed ①
西伯利亚哈士奇犬TaMiYa

饲养重点

　　饲养哈士奇犬，最重要就是要考虑其个性及适宜的环境。由于其个性豪放，加上原居于寒带，哈士奇犬需要较大的空间且通风和干燥的环境，让它能够自由奔跑，训练时以晚上较佳，育种也是以凉爽的秋冬季节较合适。也由于哈士奇犬属于双层被毛，可补充羊油和芝麻类食物，有益于被毛长成。

食　只要注意饲料营养均衡即可，避免食用高脂肪食物。每餐可以添加少许羊油饲料成分或芝麻粉（人食用的即可），因为这类食物对狗狗的皮肤有益，会让哈士奇犬的被毛看起来状态更佳。

衣　TaMiYa一个星期洗一次澡，因为有浓密的下层被毛，需更仔细地清洗，同时要采用专门给双层毛犬种用的专业级洗毛液及润毛液。洗完后吹至7~8成干，再喷稀释过的保养油，之后再吹至全干。到了比赛前若遇到褪毛，应该把脱落的毛发梳掉，并用蓬松剂让剩下的刚毛看起来较为柔软。

住　哈士奇犬的活动力很强，需要较大的空间，若生活空间太小狗狗会不快乐。TaMiYa有10~20平方米的自由活动空间，而且有专

---

　　①单犬种的优胜犬。

档案

西伯利亚哈士奇犬 TaMiYa

姓　　名：TaMiYa
性　　别：公犬
饲　　主：涂志强
年　　龄：6 个月
家族背景：祖父母犬来自美国知名的哈士奇犬舍，已完成美国冠军登录，父犬 ToGo、母犬 Irmo 来自日本知名的哈士奇犬舍，其中父犬也完成中国台湾畜犬协会冠军登录。
获奖简历：2006 年中国台湾警犬协会单犬种优胜犬（BOB）及犬种群第二名。

属吃饭和睡觉用白铁笼。哈士奇犬原本生活在寒带，因此空气对流且通风干燥的环境非常重要，若在城市里饲养，冷气调节不可少。

行 在天气闷热且潮湿时，晚上较适合带哈士奇犬外出运动。此外，平时会到户外与不同类型的犬种一同玩耍，达到社会化养成也很重要。

育 由于原产于寒带，秋冬季节是培育的最佳时机，若在夏天生产，母犬会太辛苦。4~6 个月可以开始默契及步伐训练，10 个月后较适合跑步训练。晚上气温适宜，是最好的训练时机，只要在安静和空旷处进行训练即可。在正式参赛前，可带狗狗去赛场见习练习，训练其临场的稳定度。

乐 哈士奇犬好客、热情且豪放，喜欢在大空间里奔跑，不过在人和狗狗默契尚不足前，外出时最好使用牵绳，免得一放出去就跑得不见踪影。

425

犬种标准

1 **体形**：标准身高公犬 54~60 厘米，母犬 51~56 厘米。

2 **头部**：必须要有微高的额段，从侧面看，额部与吻部比例为 2：1，同时要有强壮有力的脖子。

3 **眼睛**：眼睛呈杏形，多种颜色均可，但以褐色较佳。

4 **耳朵**：立耳，耳位要对称，耳朵呈适当大小的三角形，耳尖稍圆。

5 **身体结构**：胸部较深且强壮，但不可太宽或夹胸，其胸深位于肘关节之后。

6 **前后肢**：前肢站立时适度地分开平行且直，后躯和后肢也适度地分开且平行。大腿肌肉发达且有力，后膝关节适度弯曲，勿太直或太深。

7 **尾巴**：像一把圆头刷子一样指向地面，但跑起步来像鸡毛掸子一样翘起。

8 **被毛**：被毛为中等长度的双层毛，但不可太长，看起来毛量丰厚柔软。过长、粗糙或杂乱的被毛都属于不标准。

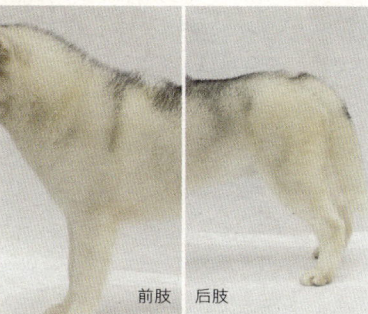

前肢 后肢

9 **步容**：步伐特色在于顺畅，平稳且不费力，脚步轻盈且快。若步伐过短，跑起来起伏或摇摆，都属于不标准。

10 **精神度**：友善、温和且机警。

11 **表情**：脸部表情灵活且帅气。

Chapter 7

Best in Show ①
黄金拾猎犬 Nice

饲养重点

黄金拾猎犬很聪明且记性佳，建议饲养时多用鼓励的方式教导。由于黄金拾猎犬让人印象深刻就是飘逸柔顺的被毛，所以平时得常常修剪，平时的保养工作要做足，洗澡时也要注意吹干，免得狗狗患皮肤病。因为是大型犬，所以要常让它奔跑，以获得足够的运动量。

食 平常 Nice 吃的是基本饮食，只不过选择好一点的饲料而已。此外，也会添加牛肉或鸡肉，牛肉主要是补充矿物质和铁质，有利于被毛生长；鸡肉则是因为容易消化且适口度好。

衣 平常每个星期会帮 Nice 刮毛及修毛，以保持被毛的服帖度，每个月还会美容一次。而平时洗澡，最好用同系列的洗毛液和润丝液，比较不会敏感。另外，吹干毛发时别只吹干表层，若里层的毛还是湿的，狗狗容易患皮肤病，所以一定要用手帮助一层一层地将被毛吹干。

住 为了让 Nice 习惯比赛期间的长时间运送，平常它都住在运输笼里。在笼内铺上报纸，因为报纸吸水性强，能够吸掉被毛上多余的水分，对皮肤比较好。

---

①全场总冠军犬。

428

档案

黄金拾猎犬 Nice

姓　　名：Nice

性　　别：公犬

饲　　主：张乐善

年　　龄：3 岁

家族背景：3 个月时以超过 5 万元（RMB）自日本
　　　　　购得。

获奖简历：2005 年中国台湾省育犬协会及中国台湾
　　　　　畜犬协会年度排行榜名列黄金拾猎犬第
　　　　　一名、宝路展全场总冠军（BIS）。

行 Nice 平时的运动只要适度奔跑，每天固定会让它跟不同的母犬在足够的空间里自由奔跑、玩游戏，每隔 2~3 天会用脚踏车牵着它跑 2 千米。

育 育种没有特别季节，一般是春秋两季。至于教育方面，因为黄金拾猎犬聪明、记性又好，很容易记住不喜欢的东西或打骂经验，因此要用鼓励的方式诱导。比赛中的静态和动态练习也要从平时做起，因此，只要牵绳轻轻一拉，Nice 马上就知道该维持最佳站姿。

乐 赛级犬不玩宠物犬的坐下和趴下等游戏，不过狗与饲主或指导手的默契及信任一定要靠平时建立。所以，平时多跟它玩扔球和喂食，从这些游戏中慢慢建立起彼此的默契。

429

犬种标准

1 体形：标准身高公犬57~62厘米，母犬55~60厘米，体重为32~38千克。

2 头部：头盖骨宽阔，额段不可过深，否则会显出凶恶或霸气。鼻子要够黑，脖子不能短，抬开度要够。

3 眼睛：必须是杏眼，不能是突出的牛眼。

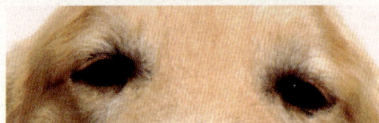

4 耳朵：耳朵位于两眼上方，不能过低。

5 身体结构：身长略长，身高：身长＝10：11 或 10：12，背线要平整。

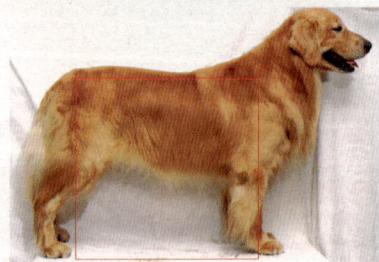

6 前后肢：以前肢来看，无论从正面或侧面观看，都与地面呈90°角，后肢则微弯，但不能过弯。

7 尾巴：尾位接点与臀部呈直线，跑步时只能微微向上，不能如镰刀状向上倒翘。

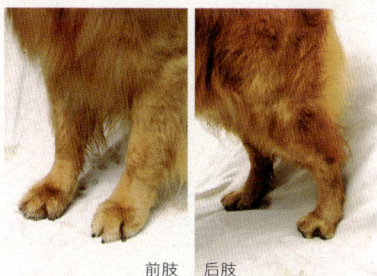

前肢　后肢

8 被毛：柔顺度和服帖度要够，因为比赛中多是美式黄金拾猎犬，毛色以深色较佳，若是浅米白色则属褪色，不佳。

9 步容：步伐轻快、流畅，不拖泥带水。

10 精神度：充满活力。

11 表情：脸部要有笑容及甜美的气质，不能有凶恶的表情。

Best in Show①
喜乐蒂牧羊犬 Buddy

饲养重点

　　喜乐蒂牧羊犬是很聪明的犬种，学习能力强。以 Buddy 来说，3个月大就开始参加比赛，只要平常花点时间练习，场上就能有不错的表现。在吃的方面很简单，不过在被毛方面就要多花些心思，饲主要悉心照顾梳整，如此一来，在赛场上才能有华丽、如狮子般的被毛。

食 Buddy吃得很简单，主要是专业级饲料，再加些粉状矿物质和维生素，营养就足够。

衣 为了拥有华丽感的被毛，平时的梳整绝不可少，平均一个星期会帮 Buddy 梳整 2 次。梳整的步骤就是"逆梳顺拉"，先将毛逆着梳，之后再整个拉顺。若身上有脏处，可喷清洁液，然后再用毛巾擦拭。

住 由于是赛级犬，所以住在运输笼里。不过，在运输笼外有围栏，平时可以让 Buddy 伸展活动。在天气潮湿时，应在笼内铺放毛巾，天气热时应开冷气或除湿。不过开冷气或除湿时，最好放一盆水，这样空气才不会过于干燥。

---

　　①全场总冠军犬。

档案

喜乐蒂牧羊犬 Buddy

姓　　名：Buddy

性　　别：公犬

饲　　主：易武平

年　　龄：10 个月

价　　值：6 个月大时以 8.8 万元（RMB）购得。

获奖简历：参加过 20 多次比赛，拿了 4 次全场总冠军（BIS），无数次公犬准优胜犬（R-King）。

行 对喜乐蒂牧羊犬来说，固定的运动是必要的。除了在围栏中的活动，每天会带 Buddy 出去 2~4 次，主要让它走走、跑跑，之后就是练习比赛姿势。

育 配种没有特殊季节，不过大致来说是春秋两季。在平时教育上，每天会训练 2 次，每次 5~10 分钟，主要就是练习比赛时的静态与动态表现。一开始会先带着走，让它稳定，之后再练习静态站姿、训练注意力及练习牵引，培养狗与人的默契。

乐 Buddy 的娱乐主要是跟人的互动，会给它一些玩具，也可以玩丢球游戏，但不会教它坐下等动作。

433

犬种标准

1 **体形**：身高 33~38 厘米。

2 **头部**：从头顶或侧面看，头部呈楔形，长而钝，从耳朵到鼻子渐渐变细，但吻部不能太尖、太细，鼻子为黑色。

3 **眼睛**：杏眼，深色，大小需适中。

4 **耳朵**：半折耳，3/4 直立，耳尖向前方折，耳朵要细小，耳位不能太低。

5 **身体结构**：骨架不能太细，身体似正方形，身长：身高 = 10.5：10。

6 前后肢：前后肢不能太直，要有5°～10°的倾斜，后飞节不能过长。

7 尾巴：尾巴不能卷曲，要直且自然垂下，长度到关节。小跑步时尾巴抬到最高，与背平行。

8 被毛：双层毛，长而柔软的被毛，白色毛发不超过总体毛发的1/3，若超过1/2就算不标准。另外，除了大理石色喜乐蒂牧羊犬外，若有斑点也属不标准。

8 步容：跑步时尾巴不能向上翘起，步伐要灵活顺畅、不费力。

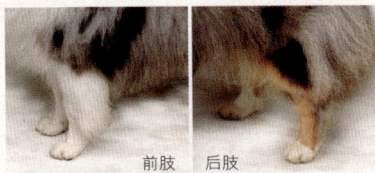

前肢　后肢

10 精神度：开朗活泼。

11 表情：温和且忠实，聪明又文雅。

Best in Show ①
潘布鲁克韦尔斯科基犬妞妞

饲养重点

对于潘布鲁克韦尔斯科基犬的培育照顾，饲主强调要用自然的方式，阳光、空气和水三项是最重要的。再加上饲主"狗要当成孩子养"的观念，所以妞妞可以在家随意行走，与饲主同房睡觉，食物也求单一，不添加人工专业配方，再加上每天运动、释放精力，它是只在自然环境中成长的快乐赛级科基犬。

食 韦尔斯科基犬是经过 400 年不改良的原始犬，自然食物最适合它们。妞妞平常只吃饲料，不添加专业配方，原因在于若给予不需要或过多的营养，反而会造成机能障碍。若出现食欲不振的现象，可添加适量全脂鲜乳或汆烫过的牛肉。

衣 韦尔斯科基犬是短毛犬，因此被毛的照顾很简单，只要买专业用的犬种洗毛液洗干净就好。也因为是短毛犬，它们不怕冷，也不怕热，不需要穿衣服。若在每年换毛时期，增加换毛速度的诀窍就是常洗澡且多梳毛。

住 饲主秉持着"狗要当孩子养"的观念，妞妞不住在笼子里，晚上睡觉就睡房间地板上。整栋楼都是它的活动范围，平时爱跑上跑下，许多人都说韦尔斯科基犬四肢短，不能跑楼梯，但其实是没问题的。

①全场总冠军犬。

档案

潘布鲁克韦尔斯科基犬妞妞

姓　　名：妞妞
性　　别：母犬
饲　　主：林展宏
年　　龄：1岁6个月
家族背景：由饲主林展宏亲自育种，祖父犬是日本
　　　　　畜犬协会全年排行总冠军并完成冠军登
　　　　　录，父犬林小宝也是日本畜犬协会排行
　　　　　榜第一名。
获奖简历：2006年总统杯全场总冠军。

行 出去跑步是妞妞每天的固定运动，因为饲主怕晒太阳，所以都是晚上8点才出门。韦尔斯科基犬很好动，让它们跑2万米也没问题。但适量运动最健康，一天跑2000米，花2个小时运动就已经足够了。

育 配种时机，时间上季节没有太大差异，多数是在春秋两季。要用教小孩的方式教育，不要用打骂而要用鼓励的方式。从服从训练开始一步步教起，最重要是要培养自信，不能打击它的自信，在家要给它心理暗示，让它知道："全场我最漂亮。"一般赛级韦尔斯科基犬2个半月就可训练完成，妞妞很聪明，1个月就大功告成。

乐 饲主有空就会带妞妞到草原上自由奔跑，科基犬不喜欢跟狗亲近，反而比较黏人，有人陪伴它们就会很开心。但是不建议跟韦尔斯科基犬玩丢玩具的游戏，容易造成体能消耗，使它过度劳累。

437

犬种标准

1 体形：标准身高 25~30 厘米。

2 头部：口吻尖，鼻头要够黑，上下嘴唇呈黑色为佳。

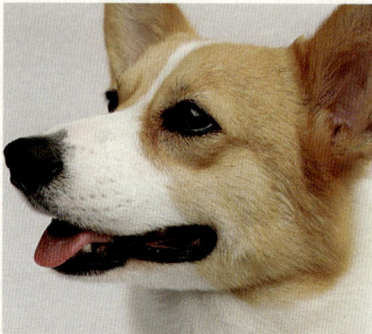

3 眼睛：眼睛要杏仁眼，不能太圆或太凸，且眼球呈黑褐色，眼线则要黑。同时，眼神必须展露出自信与智慧。

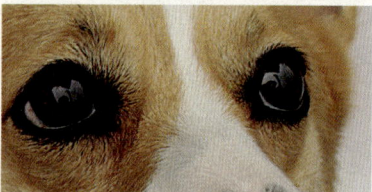

4 耳朵：耳朵最长处与最宽处的比例约为 11：5，将耳朵下拉，会落在前眼角的顶点。耳朵应坚挺直立，显得雄赳赳、气昂昂。

5 身体结构：胸宽且深，背线直，肩部到臀部呈直线，走路时不能扭。

6 前后肢：四肢粗短且结实，后肢飞节骨和地面垂直，大腿骨、坐骨和下腿骨三根骨头要等长，若不一样，走路时会左右晃。

7 尾巴：断尾、尾巴极短，且不可高竖。

8 被毛：白色不能超过总体的1/3，否则是色素退化。此外，足底是花色，底毛也是花色。亚洲畜犬界会将颈圈和鼻心的毛色列为标准，但国际上没有此标准。

前肢

9 步容：必须昂首阔步，头一抬，前肢则伸抬，后肢也就跟上。

10 精神度：非常重要，因为是工作犬，所以眼神要锐利，好像能洞悉内心世界似的。

后肢

11 表情：表情俊美，而且要有点微笑的感觉。

索 引

索 引

书名：狗狗犬种百科　　　作者：数位人犬物语编辑部

中文繁体字版于 2004 年由数位人资讯股份有限公司出版
中文简体字版于 2007 年经数位人资讯股份有限公司安排授权同意由
辽宁科学技术出版社出版

© 2007，简体中文版版权归辽宁科学技术出版社所有

著作权合同登记号：06-2007 第 234 号

图书在版编目（CIP）数据

狗狗犬种百科/数位人犬物语编辑部编著.—沈阳：辽宁科学技术
出版社，2008.6

ISBN 978-7-5381-5489-4

Ⅰ.狗… Ⅱ.犬… Ⅲ.犬—品种—世界—图集 Ⅳ.S829.2-64

中国版本图书馆 CIP 数据核字（2008）第 075273 号

出版发行：辽宁科学技术出版社
　　　　　（地址：沈阳市和平区十一纬路 29 号　邮编：110003）
印　刷　者：北京世艺印刷有限公司
经　销　者：各地新华书店
幅面尺寸：145mm × 210mm
印　　张：14
插　　页：4
字　　数：350 千字
出版时间：2008 年 6 月第 1 版
印刷时间：2008 年 6 月第 1 次印刷
策　　划：盛益文化
责任编辑：陈　馨
封面设计：Wensilai
版式设计：Wensilai
责任校对：刘　庶

书　　号：ISBN 978-7-5381-5489-4
定　　价：68.00 元

联系电话：024-23284376
邮购咨询电话：024-23284502
E-mail：lkzzb@mail.lnpgc.com.cn
http://www.lnkj.com.cn
http://www.lssybook.com.cn

学习模式·生活常规·基本服从·响片训练

《狗狗训练百科》

开本：145mm × 210mm

定价：39.80 元

出版者：辽宁科学技术出版社

● **第一本为国内饲主而写的狗狗训练百科全书**
在日常训练、亲密互动及游戏中，教育您的爱犬
观念篇：深入浅出的训犬观念剖析，确实掌握训练的意义
实践篇：超过30种以上的训练介绍，训练过程图文并茂，易懂易学
个别犬种：狗狗五大行为问题，一对一完全训练指南
训犬专家解惑：57种常见的训犬问题，专家高手详尽解惑

狗狗家庭医学健康指南

《狗狗医学百科》

开本：145mm × 210mm

定价：46.00元

出版者：辽宁科学技术出版社

● 国内第一本全方位狗狗家庭医学百科

6 大特色，全方位照顾狗狗

16 大系统·120 种疾病总览

1 分钟快速索引查询

排除艰涩难懂的专有名词障碍

狗狗一生的照顾与基础美容完整图解

20 种热门犬饲养指南

一本全方位狗狗家庭医学百科

狗狗医学百科【家庭版】

蔡盈库 著

蔡盈库医师集多年临床经验
倾力为饲狗撰写的
全方位家庭医学与生活照顾百科，
16 大系统 120 种疾病的详细解说，
狗狗一生各阶段照顾指南
常见疾病的紧急处理，索引速查询……
12 种热门犬的饲养图鉴……
本书是照顾狗宝贝健康的医学宝典，
拥有此书，完如动物家庭医师就在身边）

辽宁科学技术出版社

犬种特性·训练调教· 幼犬养育·老犬照顾

《狗狗饲养百科》

开本：145mm × 210mm

定价：49.80 元

出版者：辽宁科学技术出版社

●给新手爸妈——了解狗狗的内在与外在，让你教养有方
1. 认识狗狗的演进习性与肢体语言
2. 认识42 种犬种的特性、饲养方法和环境
3. 生活用品、清洁保养、衣物及玩具的准备
4. 幼犬的照顾细节与重点

●给资深爸妈——学习新观念、新方法，让你宠爱有法
5. 基本营养及补给品，给食要领及喂食新观念
6. 笼内训练及服从训练
7. 狗狗的健康管理与居家照顾
8. 老狗的健康管理、临终照顾及身后事

帮狗狗洗澡、修剪、美容、造型 DIY

《狗狗美容百科》

开本：145mm × 210mm

定价：32.00 元

出版者：辽宁科学技术出版社

●由基础到进阶，内容最完整
易懂易学：美容全程步骤，照片搭配详细解说
内容最完整：从基础清洁保养，到犬种进阶造型
一网打尽
美容医学须知：相关医学知识，兽医师亲自叮咛
让狗狗喜欢美容：8 种让狗狗舒适的美容姿势和
5 种安抚狗狗心理战术
解惑最详尽：细心解答 49 个美容常见问题
拥有此书，帮助你轻松替狗狗在家美容，省钱、
省时又省力！

洗澡、刷牙、剪趾甲、修杂毛、专业造型·DIY全书

狗狗美容百科

易懂易学：美容全程步骤，照片搭配详细解说
内容最完整：从基础清洁保养，到犬种进阶造型一网打尽
美容医学须知：相关医学知识，兽医师亲自叮咛
让狗狗喜欢美容：5 种让狗狗舒适的美容姿势和5 种安抚狗狗心理战术
解惑最详尽：细心解答 49 个美容常见问题
拥有此书，帮助您轻松替狗狗在家美容，省钱、省时又省力！

辽宁科学技术出版社